早稲田教育叢書 31

数学教材としての グラフ理論

鈴木 晋一 編著

学文社

まえがき

　本稿は，早稲田大学教育総合研究所の課題研究「中学校・高等学校における離散数学教材の研究と開発」の成果報告の一端です．

　高等学校の数学科教科書の編集・執筆に参加するようになった編著者は，幾何教材と離散数学教材の貧弱さにあきれ，これらを何とかしたいものだと考えるようになりました．しかし，これらの教材を大幅に指導要領に加えることは，授業時間数のこともあって，早急にはとても無理な状態でした．また，数学的な正確さや物理的背景を無視して，公式を覚えさせて計算するだけの，微分積分が高等学校数学の目標であるかのような現行の指導要領には，大いに疑問を感じました．特に，全体的に見て，出来上がった数学を一方的に与えるだけで，数学を創り上げるという視点，構成的な要素が欠落しているのが気になりました．

　これらの点をいくらかでも補える教材として，グラフ理論を取り上げるのがよいのではと考え，まずはその教材としての研究にとりかかりました．その後，早稲田大学大学院の数学教育専攻の学生諸君が次々とこの課題に取り組み，一定の成果をあげました．またこの間，早稲田大学数学教育学会のメンバーも加わり，成果の報告や発表などで啓蒙活動も続いてきました．そのような先行研究を背景に，前記の課題研究に取り組んだわけですが，いくつかの問題点がはっきりしてきました．その一つは，現場の先生方のほとんどが大学において離散数学を本格的には学習していないという事実です．もう一つは，離散数学の分野が広すぎて，どのような分野をどの程度に扱うかについて，意見の統一がなかなかできないことです．

　そんななかで，とにかく一応の目処をつけるべくまとめてみることになりました．無理難題を引き受けてくれたのが，この研究の過程を通じて中心的な役割を担ってくれた花木良君で，精力的にまとめの作業をしてくれました．著者たちの意図がどの程度生かされているかについては心もとないところです．ま

た，まだまだ進行途中で，不完全なところも多いかと思いますが，読者の忌憚のないご意見などをいただければ幸いです．

2011年12月　　編著者

目　次

第1章　基礎事項 ——————————————————— 1
- 1.1　グラフの定義 ……………………………………………… 1
- 1.2　グラフの表現について …………………………………… 5
- 1.3　部分グラフ・同型なグラフ ……………………………… 7
- 1.4　完全グラフ・道・サイクル ……………………………… 9
- 1.5　頂点の次数 ………………………………………………… 10
- 1.6　次数の性質 ………………………………………………… 14
- 1.7　グラフ的数列か否かの判定 ……………………………… 17
- 1.8　グラフの基本的な変形・操作など ……………………… 24
- 1.9　練習問題の解答とコメント ……………………………… 29

第2章　一筆がき ——————————————————— 35
- 2.1　オイラーの定理 …………………………………………… 35
- 2.2　条件付き一筆がき ………………………………………… 48
- 2.3　練習問題の解答とコメント ……………………………… 50

第3章　マッチング ——————————————————— 55
- 3.1　マッチングとは …………………………………………… 55
- 3.2　2部グラフ ………………………………………………… 57
- 3.3　結婚定理 …………………………………………………… 60
- 3.4　交互道 ……………………………………………………… 65
- 3.5　練習問題の解答とコメント ……………………………… 73

第4章　ハミルトンサイクル ——————————————— 77
- 4.1　ハミルトンサイクルとハミルトン道 …………………… 77
- 4.2　ハミルトンサイクルの存在定理 ………………………… 81

4.3　練習問題の解答とコメント ……………………………… 88

第5章　木 —————————————————————— 93

　5.1　木 ……………………………………………………………… 93
　5.2　橋（切断辺）………………………………………………… 98
　5.3　全域木 ……………………………………………………… 104
　5.4　切断頂点 …………………………………………………… 106
　5.5　練習問題の解答とコメント ……………………………… 109

第6章　平面グラフ ————————————————————— 117

　6.1　正多面体 …………………………………………………… 117
　6.2　平面上の曲線 ……………………………………………… 122
　6.3　オイラーの多面体公式 …………………………………… 124
　6.4　多面体グラフ ……………………………………………… 133
　6.5　平面グラフの双対グラフ ………………………………… 139
　6.6　練習問題の解答とコメント ……………………………… 142

第7章　彩色問題 ——————————————————————— 149

　7.1　頂点彩色 …………………………………………………… 149
　7.2　辺彩色 ……………………………………………………… 162
　7.3　地図の彩色 ………………………………………………… 169
　7.4　練習問題の解答とコメント ……………………………… 178

付　録 ——————————————————————————— 183

参考文献・資料等 ——————————————————————— 193

索　引 ——————————————————————————— 195

第1章

基礎事項

この章では，本書の話を展開するために必要な用語と記号および基本的な性質を述べます．次々とたくさんの新しい用語が登場しますが，少し辛抱してつきあってください．ただし，深刻に考えることはありません．初めは，数学用語として使用しているのか日常用語として使用しているのかの区別がつけば十分ですので，気楽に読み進んでください．

1.1 グラフの定義

次のような問いを考えてみましょう．

問題1.1 5人の卓球選手 (A, B, C, D, E) がいます．全員がそれぞれ2人の人と試合をすることができるでしょうか？

何か図を使って，この状況を表せないでしょうか？

できない場合は，その理由を考えましょう．

この問題から，だれもが自然に図1.1のようなグラフを描き，できることを確認します．

実用を目的とする問題はもちろん，数学や情報科学における問題の中にも，次の2種類の構成要素からなる図式によって捉えられるものがたくさんあります：

  (v) 有限個の点の集合   (e) それらの点を結ぶ線

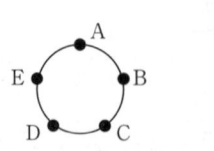
図1.1：試合の組合せを表すグラフ

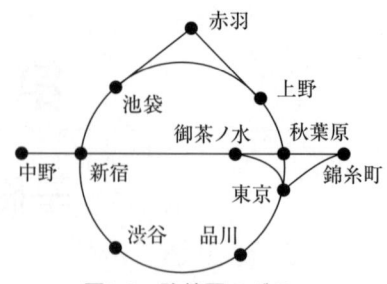
図1.2：路線図のグラフ

　図1.2は鉄道の路線図であり，図1.3は化学で使用される分子構造式です．一般的に，このような図式における点は**頂点**と呼ばれ，それらを結ぶ線は**辺**と呼ばれています．辺の長さや形状などを無視して，どの頂点とどの頂点が結ばれているのか結ばれていないのかに着目することで，**グラフ**という数学的な概念に到達します．極めて簡単な構造をしたものですが，簡単であるが故に応用も広く，有効な概念です．

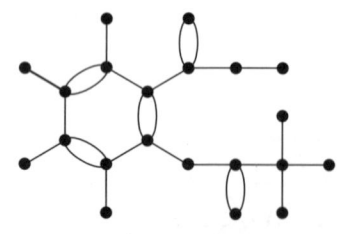
アスピリン　$C_9H_8O_4$
図1.3：分子構造式のグラフ

　グラフ（graph）$G=(V(G), E(G))$ とは，**頂点**（vertex）と呼ばれる有限個の点と，それらの頂点を結ぶ**辺**（edge）と呼ばれる有限個の線（直線や曲線）でできた図形である．
　頂点の集合を $V(G)$ で表し，G の**頂点集合**（vertex-set）といい，
　辺の集合を $E(G)$ で表し，G の**辺集合**（edge-set）という．
　頂点集合は空集合ではないものとする；$V(G) \neq \emptyset$．

同時に複数のグラフを議論する場合を除いて，頂点集合を単に V で，辺集合を単に E で示すことが多い．グラフ G が頂点集合 V と辺集合 E からなることを明示する場合は $G=(V, E)$ と書く．

グラフの基本的な量はまずその頂点の個数と辺の本数である．グラフ $G=(V, E)$ の頂点の個数を $|V|$ で表し**頂点数**，辺の本数を $|E|$ で表し**辺数**という．

注1.1 頂点数の英語は *order*，辺数の英語は *size* で，*no. of vertices*, *no. of edges* ではなく，特別な言葉が割り当てられています．本稿では，頂点数 $|V|$ を n で，辺数 $|E|$ を m で表すことが多いのですが，これも状況によるわけで，決めているわけではありません．

グラフ $G=(V, E)$ において，辺 e が頂点 u, v を結ぶとき，u, v を e の**端点**という．またこのとき，u と v は**隣接する**といい，u は e と**接続する**，e は u と**接続する**という．

また，2つの辺 e と f が共通の端点をもつとき，e と f は**隣接する**という．

なお，頂点 v とそれ自身を結ぶ辺も認めるものとし，そのような辺を**ループ**と呼ぶ．また，2頂点 u, v を結ぶ複数の辺も認めるものとし，そのような辺は**平行**であるといい，まとめて**多重辺**という．

ループも多重辺ももたないグラフを**単純グラフ**（simple graph）という．グラフの問題を扱う際に，単純グラフに制限して考察すれば十分なことも多い．

たくさんの言葉が登場したところで，これらの定義の確認を兼ねて，2つの例を挙げます．

例1.1 $G=(V, E)$ を $V=\{u, v, w, x, y\}$, $E=\{a, b, c, d, e, f, g, h\}$ で辺の端点が次のように与えられるグラフとする．ここで $\leftrightarrow$ で辺とその辺と接続する頂点を表す．

$a \leftrightarrow (u, v)$, $b \leftrightarrow (v, w)$, $c \leftrightarrow (w, w)$, $d \leftrightarrow (w, x)$

$e \leftrightarrow (v, x)$, $f \leftrightarrow (x, y)$, $g \leftrightarrow (v, y)$, $h \leftrightarrow (v, y)$

このグラフ G は，次のように図示される：

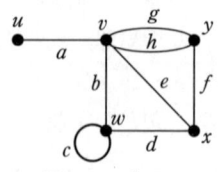

図1.4：グラフ

ここで，括弧内の 2 頂点 (u, v), (v, w), …等は隣接し，辺 a は 4 本の辺 b, e, g, h と隣接している．辺 c はループであり，辺 g, h は平行である．$a \leftrightarrow (u, v)$ は，$a \leftrightarrow (v, u)$ と書いてもよい．

例1.2　H を次のようなグラフとする：

$V(H) = \{v_1, v_2, v_3, v_4, v_5\}$, $E(H) = \{e_1, e_2, e_3, e_4, e_5, e_6, e_7, e_8\}$;

$e_1 \leftrightarrow (v_1, v_2)$, $e_2 \leftrightarrow (v_1, v_1)$, $e_3 \leftrightarrow (v_2, v_3)$, $e_4 \leftrightarrow (v_3, v_4)$

$e_5 \leftrightarrow (v_2, v_4)$, $e_6 \leftrightarrow (v_3, v_4)$, $e_7 \leftrightarrow (v_1, v_4)$, $e_8 \leftrightarrow (v_4, v_5)$

グラフ H は，次のように図示される：

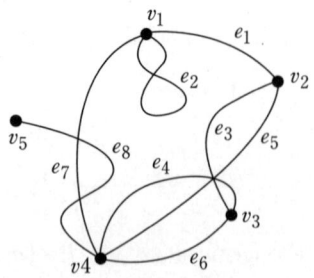

図1.5：見にくいグラフ

注1.2 これらの例からわかるように，本来グラフはその頂点集合と辺集合，および各辺がどの頂点どうしを結ぶかを示す関数が与えられると定まります．これが本来のグラフの定義ですが，これらを同時に示したのがグラフの図式であり，本稿ではこのような図をグラフと定めました．

問1.1 上の定義に照らして，身近な生活のなかから，グラフであるもの，あるいはグラフと考えてよいものを探しなさい．

1.2 グラフの表現について

グラフ $G=(V, E)$ は，その頂点を3次元空間 $\mathbf{R}^3$ 内の点で表し，辺はこの空間内の単純曲線で表すことによって実現されます．この際，辺どうしは（共通の端点以外では）交わらないようにできます．

このような空間内の図形であるグラフを平面上に表すことを考えてみましょう．平面 $\mathbf{R}^2$ 上に頂点を表す点をとり，辺は対応する頂点を結ぶ曲線で表します．ただし，頂点 u, v を結ぶ辺は，他の頂点は通らないようにし，辺どうしの交わりは許すことにしますが，接したり一部分が重なったりせずに交わる点においては交差するようにします．

しかし，図1.5はグラフとしては見難いので，次のルールにしたがってグラフを描くことにします（図1.6）：
(1) 各辺は，自身が交差しないようにする（各辺は単純曲線），
(2) 異なる2辺は，高々1個の交差点をもつようにする，
(3) 隣接する2辺は交差しないようにする．

これらの条件に加えて，
(4) 3本以上の辺が共通の点で交差することはないようにする．

という条件を要求することがあります．ただし，(4)をみたすようにすると，辺の本数が多い場合はかえって混乱するし，対称性が崩れてしまう場合などがあるので，必ずしもこだわりません．

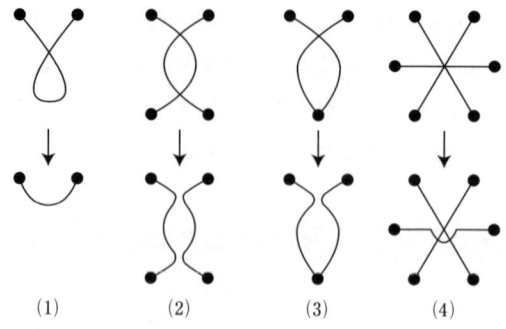

図1.6：グラフ表現のルール

(1), (2), (3), (4)をみたす図式を**単純図**ということにします．図1.6で示した操作を反復使用することによって，どんなグラフも単純図で表現できることがわかります．図1.5は，この操作を行うと，図1.7のようになります．

グラフ G の単純図が辺どうしの交差がまったく無いとき，G を**平面グラフ**（plane graph）という．グラフ G が平面グラフとして表現できるとき，G を**平面的グラフ**（planar graph）という．

図1.5は平面グラフではなく，図1.7は平面グラフであり，図1.7は図1.5を平面グラフとして表現したものだから，図1.5のグラフは平面的グラフです．

平面グラフについては，第6章で詳しく扱います．

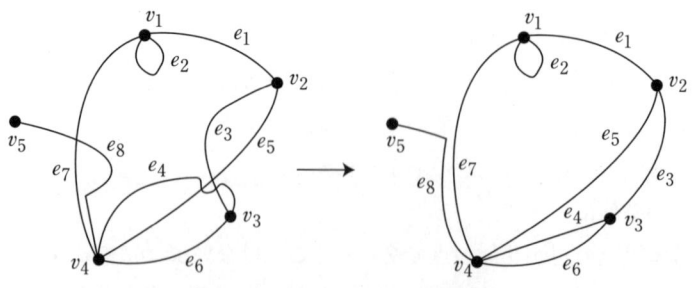

図1.7：図1.5のグラフの単純図

1.3 部分グラフ・同型なグラフ

2つのグラフ $G=(V(G), E(G))$, $H=(V(H), E(H))$ について，H が G の**部分グラフ**（subgraph）であるとは，
$$V(H) \subset V(G), \quad E(H) \subset E(G)$$
が成り立つ場合をいう．つまり，H の頂点はすべて G の頂点であり，H の辺はすべて G の辺でもある場合である．

H が G の部分グラフであって，$V(H) = V(G)$ であるとき，H を G の**全域部分グラフ**（spanning subgraph）という．

グラフ G の部分グラフ H は，G からいくつかの辺や頂点を取り除くことで得られるが，G 自身も G の部分グラフと考える．G の部分グラフ H で $H \neq G$ であるものを**真部分グラフ**（proper subgraph）という．

H が G の部分グラフであるとき，G を H の**優グラフ**（suppergraph）という．H の優グラフ G で $H \neq G$ であるものを**真優グラフ**（proper suppergraph）という．

図1.8において，H_2, H_3, H_4 はグラフ G の部分グラフであるが，H_1 は辺の端点がないものがあるので部分グラフではない．さらに H_2, H_3 は G の全域部分グラフである．

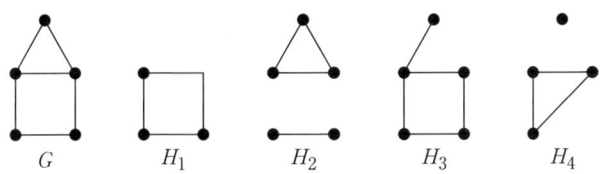

図1.8：G の部分グラフ

2つのグラフが"同じ"であるのはどんな場合であろうか？ 次の図1.9は図1.1と比べてみると，描き方は異なって見えますが，グラフの構成は同じと見えます．図1.10の2つのグラフもまた同じ構成であるように見えます．

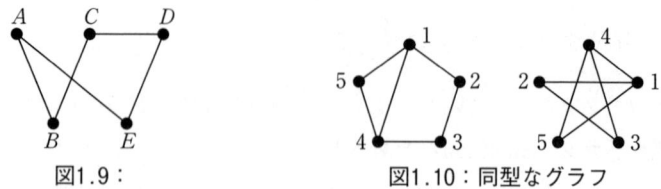

図1.9：　　　　　　　　　　図1.10：同型なグラフ

2つのグラフ $G=(V(G), E(G))$, $H=(V(H), E(H))$ は次の場合に**同型で**
あるという：$|V(G)|=|V(H)|$, $|E(G)|=|E(H)|$ であって，2つの一対一対応
$$\theta : V(G) \to V(H), \quad \eta : E(G) \to E(H)$$
が存在して，各辺 $e=uv \in E(G)$ について $\eta(e)=\theta(u)\theta(v) \in E(H)$
が成り立つ．このような一対一対応の対 (θ, η) をグラフ G から H への**同型**
写像という．

単純グラフの場合では，2つのグラフ G と H が同型であるとは，$V(G)$ と
$V(H)$ に1から $|V(G)|=|V(H)|=n$ までの数でラベル付けして（つまり，一
対一対応 $\theta : V(G) \to V(H)$ を上手に定めて），G において頂点 i と頂点 j が隣

例1.3　図1.11はそれぞれ同型な単純グラフを表している．

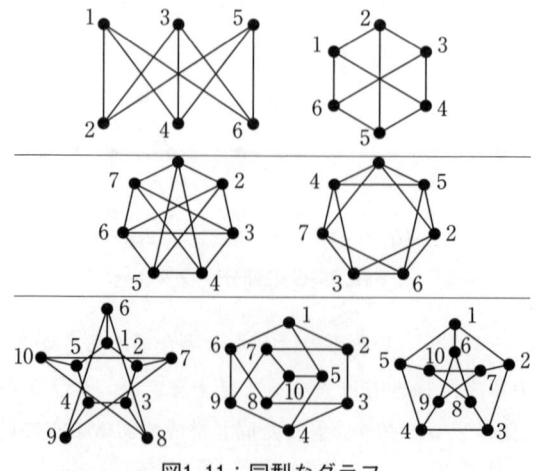

図1.11：同型なグラフ

接しているならば，H においても頂点 i と頂点 j が隣接しており，この逆も成り立つようにできることである．

1.4 完全グラフ・道・サイクル

これからの話を円滑に進めるために，ここで基本的なグラフを挙げておきます．これらの例は，一般のグラフを特徴付ける際に活躍することになります．

(1) n 頂点**完全グラフ** (complete graph) K_n：頂点数 n の単純グラフで，どの2頂点も隣接しているグラフ（の同型類）をいい，K_n で表す．
 (i) n 頂点完全グラフの辺数は $|E(K_n)|=\dfrac{n(n-1)}{2}$．
 (ii) 頂点数 n の単純グラフは K_n の部分グラフである．
 (iii) K_n は K_{n-1} と同型な n 個の部分グラフを含む．

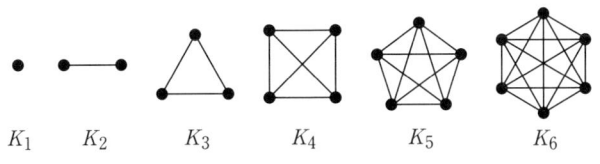

図1.12：完全グラフ

(2) **道** (path) P_n：図1.13のように，頂点 v_0，辺 e_1，頂点 v_1，辺 e_2，$\cdots$，辺 e_n，頂点 v_n と次々接続していく列を長さ n の道といい，一般に P_n で表す．ただし，この列には頂点も辺も重複して現れないものとし，長さは辺の本数で数える．v_0 をこの道の始点，v_n を終点といい，v_0-v_n 道ということがある．頂点1点も長さ0の道とする．

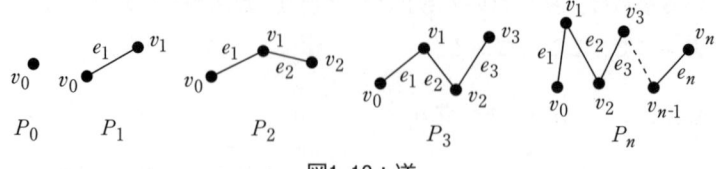

図1.13：道

(3) **サイクル**（cycle）C_n：上の道で，$v_0 = v_n$の場合で，長さnのサイクルといい，一般にC_nで表す．

長さnが偶数のサイクルを**偶サイクル**，奇数のサイクルを**奇サイクル**という．

(i) 1頂点はサイクルとは考えない（C_0はない）．

(ii) 長さ1のサイクルC_1はループであり，長さ2のサイクルC_2は平行な2辺で構成される．したがって，単純グラフのサイクルの長さは3以上である．

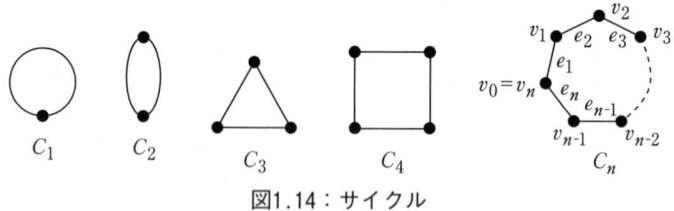

図1.14：サイクル

1.5 頂点の次数

グラフ$G = (V, E)$の各頂点vに対し，その**次数**（degree）をvに接続する辺数と定め，$deg_G(v)$で表す．ただし，ループについては，1本を2と数えるものとする．次数0の頂点を**孤立頂点**，次数1の頂点を**端頂点**と呼ぶ．

頂点vの次数を図で見ると，vを中心とする小さい半径の円周とグラフの辺との交点の個数と見ることができます．

次数$deg_G(v)$は，考察しているグラフGが明らかな場合は，単に$deg(v)$で示すことにします．

例1.4 次の図1.15のグラフ G においては，

$deg(v_1)=3$, $deg(v_2)=4$, $deg(v_3)=3$, $deg(v_4)=3$, $deg(v_5)=1$

である．この例においては，次が成り立っている：

$deg(v_1)+deg(v_2)+deg(v_3)+deg(v_4)+deg(v_5)=14=2\times|E|$

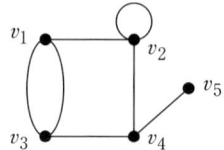

図1.15：グラフの次数の総和と辺の本数を考える

問1.2 例1.2（図1.5）のグラフ H について，その頂点の次数を調べよ．また，その次数の総和を求め，辺数 $|E(H)|$ と比較せよ．

図1.5のグラフにおいても，頂点の次数の総和が辺数の2倍であることが確かめられたであろう．これは何も驚くようなことではありません．というのは，すべての頂点の次数を加えるとき，ループに対する特例を考慮すると，各辺を2度ずつ数えていることになるからです．これより，次のことがわかります．

定理1.1（握手の補題） どのようなグラフにおいても，頂点の次数の総和は，辺数の2倍に等しい；つまり，次が成り立つ：

グラフ $G=(V,E)$ において，$V=\{v_1, v_2, \cdots, v_n\}$ とすると，

$$\sum_{v\in V} deg(v) = \sum_{i=1}^{n} deg(v_i) = deg(v_1)+deg(v_2)+\cdots+deg(v_n) = 2|E|.$$

この定理から辺数が知りたいときは，次数を数えればよいこともわかる．グラフの頂点について，その次数が奇数のとき**奇頂点**と呼び，次数が偶数のとき**偶頂点**と呼ぶことにする．

例1.4（図1.15）のグラフ G においては，奇頂点は v_1, v_3, v_4, v_5 で4個ある．

図1.5のグラフ H でも，奇頂点は v_2, v_3, v_4, v_5 で4個である．この結果も定理1.1より導かれる一般的な結果である．

系1.2（奇頂点定理） どのようなグラフにおいても，奇頂点は偶数個である．

証明． グラフ $G=(V, E)$ において，U を奇頂点全体の集合，W を偶頂点全体の集合とすると，$V=U\cup W$, $U\cap W=\emptyset$ である．したがって，

（次数の総和）＝（奇頂点の次数の総和）＋（偶頂点の次数の総和）

$$\sum_{v\in V} deg(v) = \sum_{u\in U} deg(u) + \sum_{w\in W} deg(w)$$

定理1.1より，（次数の総和）は，辺数の2倍であるから偶数であり，（偶頂点の次数の総和）は偶数であるから，（奇頂点の次数の総和）も偶数である．
「奇数の奇数個の和は奇数」，「奇数の偶数個の和は偶数」より，奇頂点は必ず偶数個なければならない．□

この系から，あるパーティに人が集まり，握手を行ったとき，奇数回握手を行った人は偶数人いることがわかります．このことを示すための準備として，定理1.1を証明しました．このように何かを示したいときにその準備として示すものを補題といいます．

問1.3 上の系1.2は，偶頂点の個数については何も主張していない．ただし，頂点数が偶数ならば偶頂点の個数は偶数であり，頂点数が奇数ならば偶頂点の個数は奇数であることがわかる．任意の自然数 n について，偶頂点の個数が n のグラフを挙げなさい．

ある非負整数（自然数または0）k について，グラフ $G=(V, E)$ が **k-正則**（k-regular）であるとは，すべての $v\in V$ について $deg(v)=k$ である場合をいう．ある k について k-正則であるグラフを総称して，**正則グラフ**（regular graph) という.

0-正則なグラフは孤立頂点だけで，辺を一切もたないグラフです．このようなグラフを**空グラフ**（empty graph）ということがあります．1-正則なグラフは偶数個の頂点をもち，それらを2つずつ対にして辺で結んだグラフです．2-正則なグラフは，いくつかのサイクルの集まりです．n 頂点の完全グラフは $(n-1)$-正則です．

例1.5 図1.16は，0-正則グラフ，1-正則グラフ，2-正則グラフである．

図1.16：正則グラフ

練習問題

1.1 9人のグループでパーティーを開いた．このグループ内で，各出席者がちょうど5人と知り合いであるという事態は起こらないことを示せ．

1.2 $G=(V, E)$ をグラフとし，m を $m \geq \dfrac{2|E|}{|V|}$ をみたす最小の整数とする．G にはその次数が m 以上の頂点が存在することを示せ．

1.3 グラフ $G=(V, E)$ において，次数 k の頂点が t 個あり，残りの頂点の次数がすべて $k+1$ であるという．次の等式が成り立つことを示せ：
$$t=(k+1)|V|-2|E|.$$

1.4 $G=(V, E)$ を $|V|=n$, $|E|=n-1$ からなるグラフとする．G には端頂点（次数1の頂点）または孤立頂点（次数0の頂点）が存在することを示せ．

1.5 k を奇数とする．k-正則な単純グラフ $G=(V, E)$ の辺数は k の倍数であることを示せ．

1.6 $G=(V, E)$ を正則な単純グラフとする．$|E|=24$ ならば，$|V|=n$ として取り得る値をすべて求めよ．また，その各々について，G の例を挙げよ．

1.7 すべての偶数 $n \geq 4$ に対して，頂点がすべて次数 3 であるような n 頂点の単純グラフが存在することを示せ．

1.8 すべての整数 $n \geq 5$ に対して，頂点がすべて次数 4 であるような n 頂点の単純グラフが存在することを示せ．

1.6 次数の性質

グラフの次数は勝手・自在というわけにはいかず，それなりの制約があることがわかりました．ここで，次数について，少し詳しく検討してみましょう．次のような問題を考えみます．

問題1.2 卓球選手が 5 人（A, B, C, D, E）います．

① A は 2 人と試合をし，B, C は 3 人と試合をし，D, E は 4 人と試合をすることはできるでしょうか？

② A, B, C, D は 3 人と試合をし，E は 6 人と試合をすることができるでしょうか？

③ A は 4 人と試合をし，B は 2 人と試合をし，C, D, E は 3 人と試合をすることができるでしょうか？

④ A は 1 人と試合をし，D は 2 人と試合をし，B, C, E は 3 人と試合をすることができるでしょうか？

⑤ A, B は 4 人と試合をし，C は 2 人と試合をし，D, E は 1 人と試合をすることができるでしょうか？

⑥ A, B, C, D, E がそれぞれ 4 人と試合をすることができるでしょうか？

問題1.3 6 人の卓球選手（A, B, C, D, E, F）がいます．

⑦ A, B, C, F は 3 人と試合をし，D, E は 2 人と試合をすることができるでしょうか？

⑧ A, B, C は 2 人と試合をし，D, E, F は 3 人と試合をすることができるでしょうか？

⑨ A は4人と試合をし，B, C, D は2人と試合をし，E, F は3人と試合をすることができるでしょうか？

⑩ A は4人と試合をし，B, F は2人と試合をし，C, D, E は3人と試合をすることができるでしょうか？

⑪ A は5人と試合をし，B は4人と試合をし，C は3人と試合をし，D は2人と試合をし，E は1人と試合をし，F は誰とも試合をしない（0人と試合をする）ことはできるでしょうか？

⑫ A, B, C, D, E, F がそれぞれ5人と試合をすることができるでしょうか？

できる場合はその組合せをつくり，できない場合はその理由を考えましょう．

これらの問題は，最初の問題1.1と同じく，選手を頂点とし，試合をする相手どうしを辺で結ぶという規則で定める単純グラフが描けるとき（すなわち，そのような単純グラフが存在するとき）それが即組合せであり，「できる」と結論されます．一方，そのような単純グラフが描けなければ，つまりそのような単純グラフが存在しないことが示されると，「できない」と結論されます．問題では，各選手の試合数だけが指示されており，対戦相手は指示されていないので，グラフの存在に関しては，頂点の次数だけが問題となります．そこでひとつ言葉を用意します．

グラフ $G=(V, E)$ において，$V=\{v_1, v_2, \cdots, v_n\}$ とするとき，非負整数の（長さ n の）有限列

$$(deg(v_1), deg(v_2), \cdots, deg(v_n))$$

を G の**次数列**という．

頂点に特別な順序が指定されている場合を除いて，普通は，小さい順か，大きい順に書き並べます．以下では大きい順に並べるのを基本とします．

非負整数の有限列 $(d_1, d_2, \cdots, d_n)$ が**グラフ的**であるとは，それを次数列としてもつようなグラフが存在する場合をいう．

すると，上の①〜⑥の問は次に挙げる長さ5の数列，⑦〜⑫の問は次に挙げる長さ6の数列が，それぞれ，（単純）グラフ的か？　という問題になります．

① $(4,4,3,3,2)$，　　② $(6,3,3,3,3)$，　　③ $(4,3,3,3,2)$，
④ $(3,3,3,2,1)$，　　⑤ $(4,4,2,1,1)$，　　⑥ $(4,4,4,4,4)$．
⑦ $(3,3,3,3,2,2)$，　⑧ $(3,3,3,2,2,2)$，　⑨ $(4,4,4,3,3,2)$，
⑩ $(4,3,3,3,2,2)$，　⑪ $(5,4,3,2,1,0)$，　⑫ $(5,5,5,5,5,5)$．

そして，頂点数が小さいので，①，④，⑥，⑦，⑨，⑫はグラフ的であることが実験的に簡単に確かめられます．その図は図1.17, 1.18のようになります：

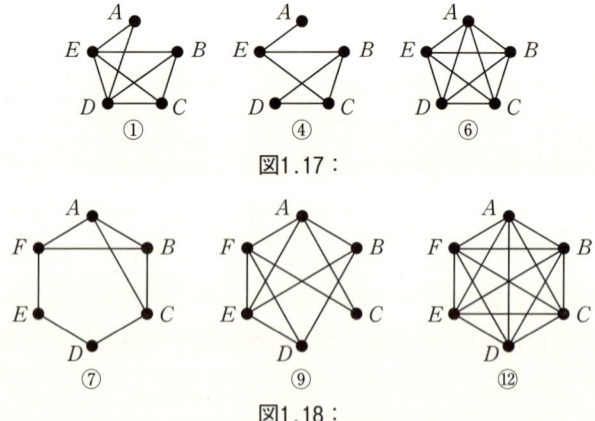

図1.17：

図1.18：

⑥は5頂点の完全グラフ，⑫は6頂点の完全グラフです．これら2つを除いて，図は一意的ですが，試合の組合せとしては一意的ではありません．すなわち，次数が同じ頂点を入れ替えても条件をみたしています．例えば，①では，頂点DとEを入れ替えても条件をみたしています．これは，試合数だけを指示して，対戦相手を指示しなかったことによるものです．

残りの②，③，⑤，⑧，⑩，⑪の単純グラフは存在しません．その理由を挙げてみます．いろいろな理由の述べ方がありますが，この段階では，グラフの定義と定理1.1とその系1.2によることになります．

②：項の中に 6 があるが，頂点数が 5 であるから，次数は 0 以上 4 以下でなければならない．

③，⑧，⑩のグラフが存在しないことは，いずれも奇数個の奇数項が含まれており，系1.2に反する．

⑤：4 が 2 項ある．これは 2 つの頂点では，それぞれ，残りのすべての頂点と結ばれていなければならない．したがって，残りの頂点の次数は 2 以上でなければならない．

⑪：5 の項がある．次数 5 の頂点は，残りすべての頂点と隣接している．したがって，残りの頂点の中に次数 0 の頂点（孤立頂点）は存在しない．

1.7 グラフ的数列か否かの判定

上の問題の解答を考慮しながら，与えられた非負整数の有限列がグラフ的であるか否かを判定し，グラフ的である場合にはそれを次数列としてもつようなグラフを実際に描く方法を与えましょう．以下は，**単純グラフ**の場合です．

(0) 数列 $(d_1, d_2, \cdots, d_n)$ は，大きい順に並べることにする．したがって
$$n-1 \geq d_1 \geq d_2 \geq \cdots \geq d_n \geq 1 \text{ または, } n-2 \geq d_1 \geq d_2 \geq \cdots \geq d_n \geq 0$$
のいずれかをみたしている．（みたさない場合はグラフ的でない．定理1.4の証明を参考にするとよい．）

まず，奇数項の個数を数える．奇数項が奇数個あれば，グラフ的ではない（一般のグラフについても）．（$d_1+d_2+\cdots+d_n$ が奇数ならばグラフ的でない．）

以下，⑨の例で考察する．

(1) $(4,4,4,3,3,2)$　これは頂点 (A, E, F, B, D, C) に対応する次数列

数列の先頭の頂点 A の次数が 4 だから，A とそれに続く 4 個の頂点とを辺で結ぶ．頂点 A は次数の条件をみたすようになったので，数列から第 1 項を取り除き，それに続く 4 項からそれぞれ 1 を引いた数列を作る．

(2) $(3,3,2,2,2)$　(E, F, B, D, C) に対応．

この新しい数列も（この場合は都合良く）大きい順に並んでいるので，同じように，先頭の頂点 E とそれに続く 3 個の頂点と辺で結ぶ．頂点 E は条件を

みたすようになったので，この数列から第1項を取り除き，それに続く3項から1を引いた数列を作る．

(3) $(2,1,1,2)$ (F, B, D, C) に対応．

今度の数列は大きい順になっていないので，大きい順に並び替える．

(3′) $(2,2,1,1)$ (F, C, B, D) に対応．

この際，頂点の順序も替えることに注意する．この(3′)に同様に操作を繰り返す．

(4) $(1,0,1)$ (C, B, D) に対応．

(4′) $(1,1,0)$ (C, D, B) に対応．

このように次数からグラフを作ることができる．

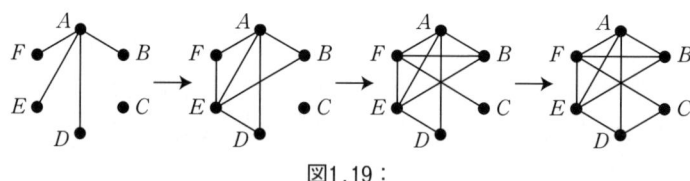

図1.19：

この操作で，(4)の数列がグラフ的ならば，(3)の数列もグラフ的であることもわかる．同様にして，(3)の数列がグラフ的ならば，(2)の数列もグラフ的になり，(1)の数列もグラフ的であることがわかる．

実は，この操作は逆も成立します．つまり，(1)がグラフ的ならば，(2)もグラフ的になります．これを保証するのが次の定理です．

定理1.3（Havel, Hakimi） 次の2つの非負整数の有限列が与えられたとする．

(1) $m, n_1, n_2, \cdots, n_m, \ell_1, \cdots, \ell_s$

(2) $n_1-1, n_2-1, \cdots, n_m-1, \ell_1, \cdots, \ell_s$

ただし，$m \geq n_1 \geq n_2 \geq \cdots \geq n_m \geq \ell_1 \geq \cdots \geq \ell_s$ とする．このとき，

数列(1)がグラフ的である $\iff$ 数列(2)がグラフ的である．

証明. ($\Longleftarrow$) 数列(2)がグラフ的であるから，数列(2)を次数列としてもつようなグラフが存在する：このグラフを G とする．G に 1 頂点 M を付け加えて，M と G の次数が $n_1-1, n_2-1, \cdots, n_m-1$ の m 個の頂点とを結び，得られたグラフを G_1 とする．G_1 の次数列は数列(1)であるから，(1)はグラフ的である．

($\Longrightarrow$) 数列(1)がグラフ的であるから，数列(1)を次数列としてもつようなグラフが存在する：このグラフを H_1 とする．そこで，次数が m の頂点を M とし，次数が n_i の頂点を N_i ($i=1,2,\cdots,m$) とし，次数が ℓ_j の頂点を L_j ($j=1,2,\cdots,s$) とする．

(イ) H_1 において，頂点 M が $N_1, N_2, \cdots, N_m$ と隣接している場合．M と M に接続している辺を H_1 から取り除いて得られるグラフを H_2 とすると，H_2 の次数列は数列(2)となるから，(2)はグラフ的である．

(ロ) H_1 において，頂点 M と隣接していない頂点が $N_1, N_2, \cdots, N_m$ 中にある場合．以下では，次数列を変えないまま隣接関係を変えて，H_1 を(イ)の状態に変形する．N_k を M と隣接していない頂点とすると，M の次数が m なので，M はある頂点 L_h と隣接している．条件から，$deg(N_k) \geq deg(L_h)$ である．

$deg(N_k) = deg(L_h)$ の場合：N_k を L_h とし，L_h を N_k と置き直し，そのグラフを H_2 として，後の($*$)に進む．

$deg(N_k) > deg(L_h)$ の場合：このとき，N_k には L_h 以外の頂点で L_h と隣接していない頂点と隣接しているので，それを W とする．($W \neq M$ である．図1.20)

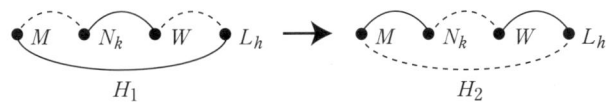

図1.20：

そこで，H_1 から辺 ML_h と辺 N_kW を取り除き，辺 MN_k と辺 WL_h を加えて得られるグラフを H_2 とする（図1.20）．作り方から，この新しい H_2 の次数列は H_1 の次数列のままである．次の($*$)に進む．

(*) H_2 においては，M と N_k が隣接し，M と残りの N_i, ($i \neq k$) との隣接関係は変わらない．よって，この操作の反復により，グラフは(イ)の場合となる．□

一般に，非負整数の有限列が与えられたとき，定理1.3の(1)$\Longrightarrow$(2)を適用すると，より短い非負整数の有限列で，項の値が小さいものが得られます．項の値が小さい数列については，それがグラフ的か否かは比較的簡単に判定できます．実際，有限列がグラフ的ならば，定理1.3の(1)$\Longrightarrow$(2)によって，0ばかりの数列に到達します．そこから出発してもとの数列を次数列としてもつようなグラフの1つが構成できます．(1)$\Longrightarrow$(2)の繰り返しによって，負の数が現れた場合はグラフ的でないと結論されます．

なお，上の議論からもわかるように，次数列がグラフ的であっても，それを次数列としてもつグラフは一意的とは限りません．

例1.6 問題1.2⑤の数列は $(4,4,2,1,1)$ である．$(4,4,2,1,1) \Rightarrow (3,1,0,0)$ となるが，1個の次数3の頂点と1個の次数1の頂点と2個の次数0の頂点をもつ単純グラフは存在しないのは直ちにわかる．ただし，この場合，単純グラフに制限しなければ，これを次数列としてもつようなグラフが存在することがわかる：

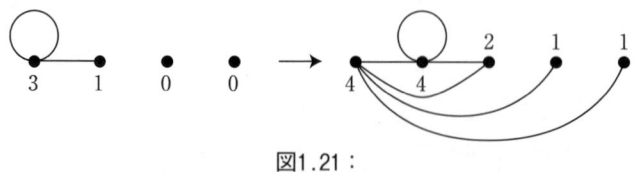

図1.21：

単純グラフの次数について，もう一つ性質を証明しておきます．

定理1.4 単純グラフには，同じ次数をもつ2頂点が必ず存在する．

証明． 単純グラフ $G=(V,E)$ の頂点数を n とすると，G の頂点の次数は 0

から $n-1$ の n 通りが考えられる.

次数が $n-1$ の頂点がある場合,この頂点は他のすべての頂点と結ばれているので,次数 0 の頂点は存在しない.よって,すべての頂点の次数は 1 から $n-1$ までの $n-1$ 通りとなり,鳩ノ巣原理より,同じ次数をもつ頂点が必ず存在する.

次数が $n-1$ の頂点がない場合,すべての頂点の次数は 0 から $n-2$ までの $n-1$ 通りとなり,同様に鳩ノ巣原理より,同じ次数をもつ頂点が必ず存在する.

鳩ノ巣原理については,後の「談話室」を参照のこと.□

練習問題

1.9 次の数列について,グラフ的か否かを判定せよ.
(a) $(5,5,4,4,3,2,2,1,1)$, (b) $(6,5,4,3,2,2,2,2)$,
(c) $(7,6,5,4,4,3,2,1)$, (d) $(4,4,4,4,3,3)$,
(e) $(6,6,5,5,2,2,2,2)$, (f) $(6,6,5,5,3,3,3,3)$

1.10 次の次数列をもつグラフを描け.
(a) $(4,3,2,2,1)$, (b) $(4,3,3,3,1)$

1.11 次の図1.22に示す 3 つのグラフは,互いに同型ではないことを証明せよ.

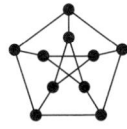 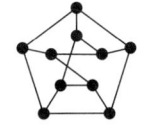 

図1.22:

1.12 同型でない 6 頂点の 3-正則グラフをすべて求めよ.後で学ぶ定理4.1より,これらのグラフは長さ 6 のサイクルを含むことがわかるので,これを利用せよ.

談話室　鳩ノ巣原理（The pigeon hole principle）

定理1.4の証明に用いた**鳩ノ巣原理**は**部屋割り論法**とか**抽斗論法**とも呼ばれる単純だが極めて有効な証明手段である．この後も何度か使用するので，ここで詳しく紹介する．

1. n 個の巣箱があり，$n+1$ 羽の鳩がいる．すべての鳩がこれらの巣箱に入ると，2羽以上の鳩が入っている巣箱が必ず存在する．

2. n 個の巣箱があり，$mn+1$ 羽の鳩がいる．すべての鳩がこれらの巣箱に入ると，$m+1$ 羽以上の鳩が入っている巣箱が必ず存在する．

原理というだけあって自明（証明などをしなくても，明らか）であるが，2は，すべての巣箱に m 羽以下の鳩が入っていると仮定すると，巣箱に入っている鳩の数は mn 以下となり，鳩が $mn+1$ 羽いることに矛盾することからわかる．

ただし，下の図のように6個の巣箱に8羽の鳩を入れる場合，巣箱の順番等を無視すると，6個の巣箱に入る鳩の数は，

図1.23：

$(0,0,0,0,0,8)$, $(0,0,0,0,1,7)$, $(0,0,0,0,2,6)$, $(0,0,0,0,3,5)$, $(0,0,0,0,4,4)$,
$(0,0,0,1,1,6)$, $(0,0,0,1,2,5)$, $(0,0,0,1,3,4)$, $(0,0,0,2,2,4)$, $(0,0,0,2,3,3)$,
$(0,0,1,1,1,5)$, $(0,0,1,1,2,4)$, $(0,0,1,1,3,3)$, $(0,0,1,2,2,3)$, $(0,1,1,1,1,4)$,
$(0,1,1,1,2,3)$, $(0,1,1,2,2,2)$, $(1,1,1,1,1,3)$, $(1,1,1,1,2,2)$

の19通りのうちのいずれかになっていることを主張しているのであって，特定の値，例えば $(1,1,1,1,2,2)$ とか $(1,1,1,1,1,3)$ になっていると主張しているわけではない．

定理1.4の証明では，次数を巣箱とし，鳩を頂点として鳩ノ巣原理を適用した．鳩ノ巣原理を適用して解ける問題では，何を巣箱とし，何を鳩にするかがポイントになる．いくつか問題を提供する．

問題1　8人のグループがある．このグループには同じ曜日に生まれた人が少なくとも2人いることを示せ．

問題2　ある中学校の3年生は102人である．ある誕生月に少なくとも9人以上の生徒がいることを示せ．

問題3　1辺が2mの正三角形の土地がある．この土地に木を9本植えると，互いの距

離が 1 m 以下になる 3 本の木が必ず存在することを示せ．

問題 4 3 m × 4 m の長方形の土地がある．この土地に木を 6 本植えると，互いの距離が $\sqrt{5}$ m 以下になる 2 本の木が必ず存在することを示せ．

問題 5 相異なる自然数を勝手に 5 個 (a_1, a_2, a_3, a_4, a_5) 選ぶ．すると，その中に差が 4 の倍数になる自然数の組が存在することを示せ．

問題 6 1 から 98 までの自然数から異なる自然数を 50 個選ぶとする．選んだ自然数の中に，和をとると 99 になる自然数の組が存在することを示せ．

■問題の解説・解答

問題 1 日，月，火，水，木，金，土のそれぞれの曜日に生まれた人を入れる部屋を 7 つ用意する．7 個の部屋を巣箱，8 人を鳩と考えれば，鳩ノ巣原理より，8 人のうち少なくとも 2 人は同じ部屋に入る．よって題意は示された．

問題 2 1 番から 12 番の番号付きの 12 の部屋を用意し，i 番目の部屋には i 月に生まれた人を入れる．12 個の部屋を巣箱，102 人を鳩と考えれば，$102 = 8 \times 12 + 6$ だから，少なくとも 1 つの部屋には 9 人以上が入っている．

問題 3 土地を 1 辺が 1 m の正三角形となる 4 つの区域に分割し，巣箱となるものを作る（図 1.24）．この各区域は，区域内のどの 2 点も互いの距離は 1 m 以下である．そして 9 本の木（$9 = 2 \times 4 + 1$）を鳩とする．鳩ノ巣原理より，3 本以上の木が植えられる区域が存在し，それらの木は互いの距離が 1 m 以下である．

問題 4 この問題も同様にして巣箱を作る．ただし，巣箱の作り方はかなり技巧的である．図 1.25 のように，野球のホームベースのような形の 5 つの区域に分割する．この区域内のどの 2 点も互いの距離が $\sqrt{5}$ m 以下である．よって，この 5 つの区域を巣箱，6 本の木を鳩として鳩ノ巣原理を使うと，互いの距離が $\sqrt{5}$ m 以下の 2 本の木が必ず存在することが結論される．

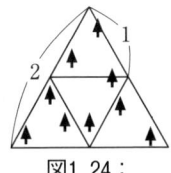
図 1.24：

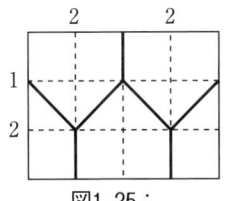
図 1.25：

問題 5 自然数を 4 で割ったときの剰余である 0, 1, 2, 3 を巣箱にして，5 つの自然数 a_1, a_2, a_3, a_4, a_5 を鳩にする．鳩ノ巣原理より，a_1, a_2, a_3, a_4, a_5 の中に剰余が同じ組が存在する．その剰余を R とし，数を $a_i, a_j (i, j \in \{1, 2, 3, 4, 5\}, i \neq j)$ とする．自然数 m, n が存在して，$a_i = 4m + R, a_j = 4n + R$ と表されるから，$a_i - a_j = 4(m - n)$ で，差が 4

の倍数となる．

問題 6 各 $i \in \{1, 2, 3, \cdots, 49\}$ について，自然数を 2 つずつ入れることのできる箱 B_i を用意する．ただし，各箱 B_i には，自然数 i と自然数 $99-i$ を入れることができるものとする．もし，同じ箱に 2 つの整数が入れば，その和が 99 になる仕組みである．選んだ 50 個の自然数を上記の規則に従って箱 B_i ($i \in \{1, 2, 3, \cdots, 49\}$) に割り振ると，鳩ノ巣原理より，少なくとも 1 つの箱に自然数が 2 つ存在する．その箱の自然数の和は 99 であるから，題意は示された．

....

このように鳩ノ巣原理は，離散的な議論において有用で汎用性がある．また鳩ノ巣原理は無限集合の場合に拡張されて用いられることも多い：「無限羽の鳩を有限個の巣箱に入れると，少なくとも 1 つの巣箱には無限羽の鳩が入っている」．例えば，「無限個の整数の集合 S を考えると，S は，少なくとも偶数か奇数のいずれかを無限個含む」のように用いる．

1.8 グラフの基本的な変形・操作など

これから後，本格的にグラフを取り扱っていきますが，その際に多用するグラフに対する基本的な操作などをここでまとめておきます．必要に応じて参照してください．

(1) **頂点の除去** グラフ $G=(V, E)$ において，$|V| \geq 2$ とする．このとき，頂点 $v \in V$ について，G から頂点 v と v に接続する辺をすべて取り除いて得られるグラフを簡単に $G-v$ で表す；

$$G-v=(V-\{v\}, E_v), \quad E_v=\{e=xy \in E | x \neq v, y \neq v\}.$$

$G-v$ はもちろん G の部分グラフであるが，頂点 v に接続する辺もすべて取り除くので，一般にはかなり大きく変化する．

(2) **頂点の集合の除去** グラフ $G=(V, E)$ において，頂点集合 V の真部分集合 $U=\{v_1, v_2, \cdots, v_m\}$ について，G から U の元と U の元に接続するすべての辺を取り除いて得られるグラフを $G-U$ で表す；

$$G-U=(V-U, E_U), \quad E_U=\{e=xy \in E | x \notin U, y \notin U\}.$$

これは，G から $v_1, v_2, \cdots, v_m$ を順次取り除いて得られるグラフであり，もちろん G の部分グラフである；
$$G-U=(\cdots((G-v_1)-v_2)-\cdots)-v_m.$$

(3) **辺の除去** グラフ $G=(V, E)$ からその1辺 $e \in E$ を取り除いて得られるグラフを簡単に $G-e$ で表す；
$$G-e=(V, E-\{e\}).$$
辺を取り除く際，その辺の端点を残すことに注意する．

(4) **辺の集合の除去** グラフ $G=(V, E)$ において，辺集合 E の部分集合 $F=\{e_1, e_2, \cdots, e_h\}$ について，G から F の元をすべて取り除いて得られるグラフを $G-F$ で表す；
$$G-F=(V, E-F).$$
この場合も G から $e_1, e_2, \cdots, e_h$ を順次取り除いて得られるグラフであり，もちろん G の部分グラフである；
$$G-F=(\cdots((G-e_1)-e_2)\cdots)-e_h.$$

(5) **辺の追加** グラフ $G=(V, E)$ にそのなかの2頂点 $u, v \in V$ を結ぶ辺 $e=uv$ を加えて得られるグラフを $G+uv$ で表す；
$$G+uv=(V, E\cup\{uv\}).$$
$G+uv$ は G の優グラフである．なお，実際には，u と v を結ぶ辺が既に E にある場合は，$G+uv$ を考えることはない．

(6) **頂点の集合の誘導部分グラフ** グラフ $G=(V, E)$ において，空でない部分集合 $U \subset V$ を与えたとき，U を頂点集合とする G の極大部分グラフを U によって**誘導された** (induced) 部分グラフといい，$G[U]$ で表す；
$$G[U]=(U, E'_U), \quad E'_U=\{e=uv\in E | u\in U, v\in U\}.$$

$G[U]$ が極大であるとは，$G[U]$ を真部分グラフとして含むような頂点集合が U である G の部分グラフは存在しないということである．

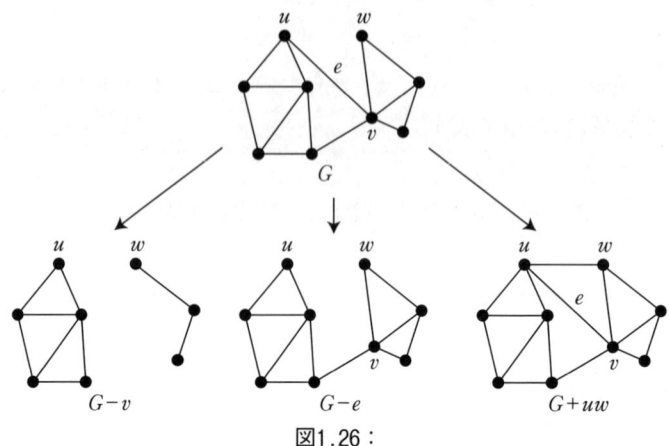

図1.26：

(7) **辺の集合の誘導部分グラフ** グラフ $G=(V, E)$ において，空でない部分集合 $F \subset E$ を与えたとき，F を辺集合とする G の極小部分グラフを F によって**誘導された**（induced）部分グラフといい，$G[F]$ で表す；

$$G[F]=(V', F), \quad V'=\{u, v \in V | uv=f \in F\}.$$

$G[F]$ が極小であるとは，$G[F]$ を真優グラフとするような辺集合が F である G の部分グラフは存在しないということである．

F を辺集合とする G の部分グラフの中で頂点集合は最小限に選択したグラフである．

(8) **グラフの和** グラフ $G=(V, E)$ の2つの部分グラフ $H_1=(U_1, F_1)$，$H_2=(U_2, F_2)$ が与えられたとき，両方の頂点を合わせたものを頂点集合とし，両方の辺を合わせたものを辺集合とするグラフを H_1 と H_2 の**和**（union）といい，$H_1 \cup H_2$ で表す；

$$H_1 \cup H_2 = (U_1 \cup U_2, F_1 \cup F_2).$$

特に，$U_1 \cap U_2 = \emptyset$ である場合には，和 $H_1 \cup H_2$ を $H_1 \sqcup H_2$ で表すことがある．$U_1 \cap U_2 = \emptyset$ ならば，$F_1 \cap F_2 = \emptyset$ である．

(9) **グラフの共通部分** グラフ $G = (V, E)$ の 2 つの部分グラフ $H_1 = (U_1, F_1)$，$H_2 = (U_2, F_2)$ が与えられたとき，両方の頂点集合の共通部分を頂点集合とし，両方の辺集合の共通部分を辺集合とするグラフを H_1 と H_2 の **共通部分** (intersection) といい，$H_1 \cap H_2$ で表す；

$H_1 \cap H_2 = (U_1 \cap U_2, F_1 \cap F_2)$．

ただし，$U_1 \cap U_2 = \emptyset$ の場合は，H_1 と H_2 の共通部分は考えないものとする．

例1.7 図1.27のグラフ G について，上であげた操作等を検証してみよう．

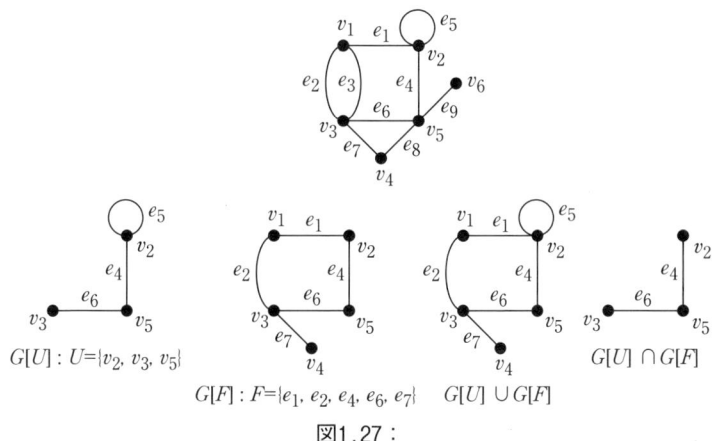

図1.27：

練習問題

1.13 祐樹，旭，翔，睦信，一晴，晋也の 6 人がオセロの対戦を行う．プレーヤーを頂点とし，対戦する組を辺で結ぶと，図1.28で示すグラフとなる．ここで，$x_1, x_2, x_3, x_4, x_5, x_6$ はそれぞれ旭，翔，睦信，晴，祐樹，晋也を表す．

(1) $U=\{x_2, x_3\}$ とするとき，$G-U$ を求めよ．これはどのような状況を表すか．

(2) $F=\{e_2, e_4, e_6, e_8\}$ とするとき，$G-F$ を求めよ．これはどのような状況を表すか．

(3) $W=\{x_1, x_4, x_5, x_6\}$ について，$G[W]$ を求めよ．これはどのような状況を表すか．

(4) $X=\{e_1, e_2, e_4, e_6, e_8\}$ について，$G[X]$ を求めよ．これはどのような状況を表すか．

(5) K_3 と同型な部分グラフを見つけよ．

(6) K_4 と同型な部分グラフは存在するか？

(7) 上の(1)と(2)で求めた2つの部分グラフ $G-U$ と $G-F$ の共通部分を求めよ．

(8) 上の(3)と(4)で求めた2つの部分グラフ $G[W]$ と $G[X]$ の和を求めよ．

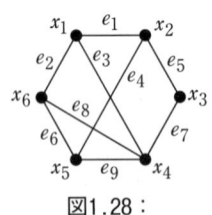

図1.28：

1.14 $G=(V, E)$ を単純グラフとする．G の**補グラフ** (complement) $\overline{G}$ を次のように定める；$\overline{G}$ の頂点集合は G の頂点集合 V と同じで，G では隣接していない頂点どうしを結んで得られる単純グラフとする；

$\overline{G}=(V, \overline{E})$, $\overline{E}=\{uv | uv \notin E\}$.

したがって，$E \cap \overline{E} = \emptyset$ で，$G \cup \overline{G}$ は V を頂点集合とする完全グラフとなる．次の図1.29は6頂点グラフ G とその補グラフ $\overline{G}$ を示す．

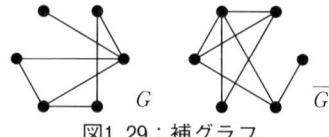

図1.29：補グラフ

(1) 次の図1.30に示す各グラフの補グラフを求めよ．
(2) 各頂点 $v \in V$ について，$deg_G(v) + deg_{\overline{G}}(v) = |V|-1$ であることを証明せよ．
(3) G にただ1つの偶頂点があるならば，$\overline{G}$ の奇頂点はいくつか？
(4) $G=(V, E)$ と $\overline{G}=(V, \overline{E})$ が同型であるとき，ある整数 k について，$|V|=4k$ かまたは $|V|=4k+1$ のいずれかが成り立つことを示せ．

図1.30：補グラフを求める

1.9 練習問題の解答とコメント

1.1 パーティーの出席者を頂点とし，知り合いどうしを結んでグラフをつくるとき，条件をみたすグラフは9頂点の5-正則グラフとなるが，系1.2より，このようなグラフは存在しないことがわかる．したがって，このような事態は起こらない．

1.2 不等式の右辺は，$|V|$ 個の非負整数の平均値であり，すべてが平均値より小さい場合は起こらない．

1.3 次数の総和は $kt+(k+1)(|V|-t)=2|E|$ である．この等式を t について解けば，求める等式を得る．

1.4 $n=1$ の場合は，辺数が0なので，次数が0の頂点だけである．$n \geq 2$ とする．頂点の次数の平均は，$\frac{2(n-1)}{n} = 2 - \frac{2}{n} < 2$ だから，練習問題1.2と同様の考えより，次数が平均値以下の頂点が必ず存在する．

1.5 次数の総和は，$2|E|=k|V|$ であるから，$|E|=\frac{k|V|}{2}$ が成り立つ．$|E|$ は整数で，k は奇数だから，$\frac{|V|}{2}$ は整数でなければならず，$|E|$ は k の倍数と

なる．

1.6 G を k-正則グラフとすると，次数の総和は，$2|E|=2\times 24=kn$ となる．これをみたす整数の組 (n, k) は，$(1, 48), (2, 24), (3, 16), (4, 12), (6, 8), (8, 6), (12, 4), (16, 3), (24, 2), (48, 1)$ の10組である．$|E(K_n)|=\dfrac{(n-1)n}{2}$ であるので，$(1, 48), (2, 24), (3, 16), (4, 12), (6, 8)$ は単純グラフとして作れないことがわかる．$(8, 6), (12, 4), (16, 3)$ は図1.31のように描くことができ，$(24, 2)$ は長さ24のサイクルがある．$(48, 1)$ は長48のサイクルの辺を1本おきに削除したものがある．これらは，条件を満たすグラフの一例である．

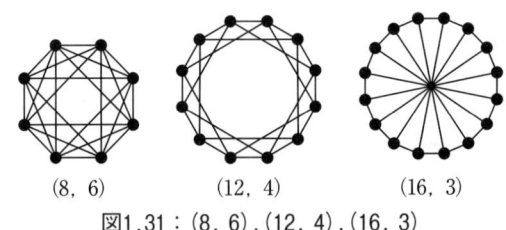

(8, 6)　　(12, 4)　　(16, 3)
図1.31：(8, 6), (12, 4), (16, 3)

1.7 $n=2k$ とし，正 $2k$ 角形を描く（$2k$-サイクルができる）．そこに，最も長い k 本の対角線を加えると，求める3-正則グラフを得る．（実際，$2k$-サイクルの頂点に巡回的に $1, 2, 3, \cdots, k, k+1, k+2, k+3, \cdots, k+(k-1), k+k=2k$ と番号を付けるとき，$1\leftrightarrow k+1, 2\leftrightarrow 2+k, 3\leftrightarrow 3+k, \cdots, k\leftrightarrow k+k$ のように結べばよい）．

1.8 n-サイクルの頂点に巡回的に $1, 2, 3, 4, \cdots, n-1, n$ と番号を付ける．これに，1から出発して $3, 5, \cdots$ と一つおきに結ぶ辺を加えていく．

n が奇数 $n=2k+1$ の場合は，$2k+1$ に到達した後，$2k+1$ と 2 を結び，2から順に $4, 6, \cdots$ と一つおきに結ぶ辺を加えていくと1で閉じて，n-サイクルになる．2つの n-サイクルを合わせて，求める4-正則グラフを得る．

n が偶数 $n=2k$ の場合は，同様に1から出発して $3, 5, \cdots$ と一つおきに結ぶ辺を加えていくと，$2k-1$ と 1 を結ぶことになり，奇数番号の頂点だけでできる k-サイクルを得る．そこで，次に2から出発して $4, 6, \cdots$ と一つおきに結

ぶ辺を加えていくと，$2k$ と 2 を結ぶことになり，偶数番号の頂点だけでできる k-サイクルを得る．最初の $2k$-サイクルと，2 つの k-サイクルを合わせて，求める 4-正則グラフを得る．

1.9(a) 奇数項が 5 個あるので，系 1.2 より，グラフ的ではない．

(b) 定理 1.3 の (1) $\Longrightarrow$ (2) の変形を行う（以下も同じ）．
$(6,5,4,3,2,2,2,2) \Longrightarrow (4,3,2,1,1,1,2) = (4,3,2,2,1,1,1)$
$\Longrightarrow (2,1,1,0,1,1) = (2,1,1,1,1,0) \Longrightarrow (0,0,1,1,0) = (1,1,0,0,0)$
$\Longrightarrow (0,0,0,0)$．（グラフ的）

(c) $(7,6,5,4,4,3,2,1) \Longrightarrow (5,4,3,3,2,1,0) \Longrightarrow (3,2,2,1,0,0)$
$\Longrightarrow (1,1,0,0,0) \Longrightarrow (0,0,0,0)$．（グラフ的）

(d) $(4,4,4,4,3,3) \Longrightarrow (3,3,3,2,3) = (3,3,3,3,2) \Longrightarrow (2,2,2,2)$
$\Longrightarrow (1,1,2) = (2,1,1) \Longrightarrow (0,0)$ （グラフ的）

(e) $(6,6,5,5,2,2,2,2) \Longrightarrow (5,4,4,1,1,1,2) = (5,4,4,2,1,1,1)$
$\Longrightarrow (3,3,1,0,0,1) = (3,3,1,1,0,0) \Longrightarrow (2,0,0,0,0)$．

単純グラフとしてはグラフ的ではないが，ループを 1 本もつグラフとして実現可能である．

(f) $(6,6,5,5,3,3,3,3) \Longrightarrow (5,4,4,2,2,2,3) = (5,4,4,3,2,2,2)$
$\Longrightarrow (3,3,2,1,1,2) = (3,3,2,2,1,1) \Longrightarrow (2,1,1,1,1)$
$\Longrightarrow (0,0,1,1) = (1,1,0,0) \Longrightarrow (0,0,0)$．（グラフ的）

1.10(a) $(4,3,2,2,1) \Longrightarrow (2,1,1,0) \Longrightarrow (0,0,0)$．

(b) $(4,3,3,3,1) \Longrightarrow (2,2,2,0) \Longrightarrow (1,1,0) \Longrightarrow (0,0)$．

図1.32：

1.11 部分グラフとして含まれるサイクルに注目する．(a)のグラフは 4-サイクルは含まない．このことは，外の五角形のうち 4 本，3 本，2 本，1 本を通

る4-サイクルはないこと，中の星型のうち4本，3本，2本，1本を通る4-サイクルはないこと，残った辺だけではサイクルは作れないことからわかる．(b)のグラフは2つの4-サイクルを含む．(c)のグラフは5つの4-サイクルを含む．よって，これらのグラフは互いに同型ではない．

1.12 6-サイクルに対して3本の辺を加えることを考えると図1.33の二つのみが存在することがわかる．これらが同型でないことは，3-サイクルを含むか含まないかを考えるとわかる．

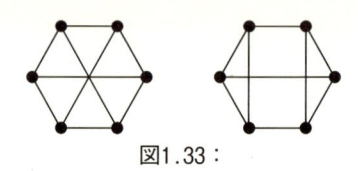

図1.33：

1.13 (1), (2), (3), (4), (7), (8)の解答は図1.34に示す．

(1) 例えば，旭，翔の2人が都合が悪くなり，4人で行うことになった場合の組合せを表している．

(2) $\{e_2, e_4, e_6, e_8\}$ の対戦を取りやめた場合の組合せを表している．

(3) 祐樹，睦信，一晴，晋也の4人のみが行う試合すべてを表している．これは，(1)のグラフと一致し，状況が同じであるとも考えられる．

(4) $\{e_1, e_2, e_4, e_6, e_8\}$ の対戦のみを行う場合の対戦とゲームに参加する人を表している．

(5) 2つある：$(\{x_1, x_4, x_6\}, \{e_2, e_3, e_8\})$, $(\{x_4, x_5, x_6\}, \{e_6, e_8, e_9\})$．

(6) K_4 と同型な部分グラフが存在したら，その部分グラフの部分グラフとして K_3 と同型な部分グラフが4つ存在する．（完全グラフの性質(iii)）しかし，(5)から K_3 と同型な部分グラフは2つしかないから，K_4 と同型な部分グラフが存在しない．

図1.34:

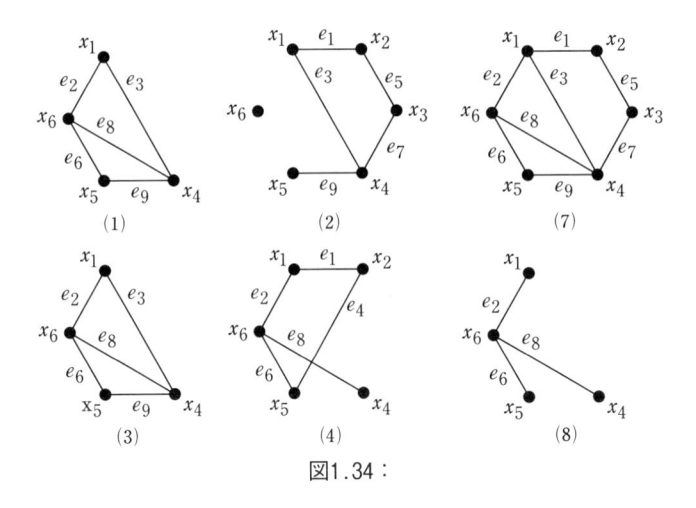

1.14(1) 図1.35のようになる.

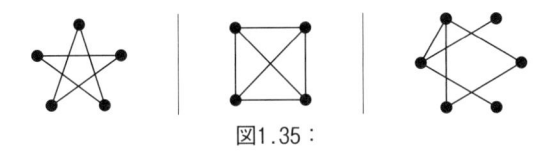

図1.35:

(2) 補グラフの定義より，$E \cap \overline{E} = \emptyset$，$G \cup \overline{G}$ は V を頂点集合とする完全グラフであるから，この完全グラフを K とすると，

$$deg_G(v) + deg_{\overline{G}}(v) = deg_K(v) = |V| - 1.$$

(3) 残りの $|V|-1$ 頂点は奇頂点だから，奇頂点定理（系1.2）により，$|V|-1$ は偶数である．上の(2)より，G の偶頂点 u については，

$$deg_{\overline{G}}(u) = |V| - 1 - deg_G(u)$$

だから，u は $\overline{G}$ においても偶頂点である．

G の奇頂点 w については，上の(2)より，

$$deg_{\overline{G}}(w) = |V| - 1 - deg_G(w)$$

だから，w は $\overline{G}$ においても奇頂点である．よって，奇頂点の個数は，$|V|-1$.

(4) G と $\overline{G}$ が同型であるから，$|E|=|\overline{E}|$ が成り立つ．$|V|$ 頂点の完全グラフの辺数は $\dfrac{|V|(|V|-1)}{2}$ であるから，等式

$$\frac{|V|(|V|-1)}{2}=|E|+|\overline{E}|=2|E|$$

を得る．したがって，$|V|$ か $|V|-1$ のいずれかは 4 の倍数である．

第2章

一筆がき

「一筆がき」とは，「すべての線を，同じ線を2度通ることなく，紙から筆を離さずに書く」ことでした．ということは，一筆がきの対象とする図をグラフとして考えてもよさそうです．一筆がきというと子どもの遊びのようですが，深い理論と広い応用を兼ね備えたおもしろい分野なのです．実際，グラフが数学に登場するきっかけは一筆がきでした．

2.1 オイラーの定理

ケーニヒスベルクの街は，ブルーゲル川のデルタ地帯にあり，川はこの街を1つの島と3つの岸に分断しており，これらを結んで7つの橋がありました．問題は，任意の橋から始めて，7つの橋をちょうど1度だけ渡り，出発地点に戻れというものでした．18世紀に活躍した大数学者オイラー（L.Euler）はこの問題をグラフの一筆がきの問題にして，不可能であることを見事に，しかも

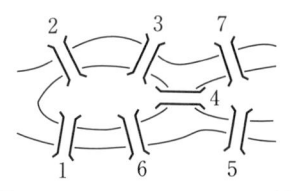

図2.1：ケーニヒスベルクの橋   図2.2：

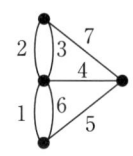

簡単に示しました．グラフ理論の第1号論文といわれています．

解答は後のお楽しみとして，まず，グラフの言葉で一筆がきを定式化します．グラフ $G=(V, E)$ 上で，ある頂点 v_0 から出発して，辺・頂点・辺・頂点・…と辿り，頂点 v_k に到る経路

$$W = v_0 e_1 v_1 e_2 v_2 \cdots v_{k-1} e_k v_k \cdots (*)$$

を，v_0 と v_k を結ぶ**歩道** (walk) という．ここで，各辺 e_i は頂点 v_{i-1} と v_i に接続している ($i=1, 2, \cdots, k$)．ただし，辺 $e_1, e_2, \cdots, e_k$ には重複するものがあってもよいし，頂点 $v_1, v_2, \cdots, v_k$ にも重複するものがあってもよいものとする．歩道 W の**長さ**は，W に現れる辺の本数とする．したがって，歩道 (*) の長さは k である．

歩道 W において，v_0 を**始点**，v_k を**終点**という．また，$v_0 \neq v_k$ のとき**開歩道**，$v_0 = v_k$ のとき**閉歩道**という．

歩道 W において，すべての辺 $e_1, e_2, \cdots, e_k$ が互いに異なるとき，歩道 W を特に**小径** (trail) という．$v_0 \neq v_k$ のとき**開小径**，$v_0 = v_k$ のとき**閉小径**というのも同じである．

(注：頂点には重複するものがあっても可．頂点の重複もない開小径が道であり，頂点の重複もない閉小径がサイクルである．)

グラフ $G=(V, E)$ のすべての辺を含む開小径を**オイラー小径** (Euler trail)，すべての辺を含む閉小径を**オイラー周遊** (Euler tour) という．

注目：これらの定義の結果，グラフ G が「一筆がき可能」とは，「オイラー小径か，またはオイラー周遊をもつ」場合であるということができる．オイラー周遊をもつ場合には，G のどの頂点を始点としてもオイラー周遊が存在する．(何故か？)

例2.1 図2.3において，A から C への歩道の1つが

$AfBdDaDdBhC$

である．辺が5回現れるので，長さは5である．d が繰り返し現れるので，これは小径ではない．A から C への小径の1つとして，

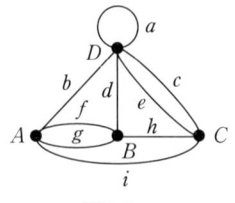

図2.3：

　　　AfBdDcCeDbAiC

があり，長さは6である．頂点 A, C, D がこの中に1度ならず現れるので，これは道ではない．この小径の前半

　　　AfBdDcC

をとると，長さ3の道になっている．最後に閉小径の例を挙げる．

　　　AbDaDcCeDdBfAgBhCiA

これは9本の辺がすべて1度だけ現れるので，オイラー周遊である．この他にもいろいろなオイラー周遊が存在するので，是非とも探してみよ．

　グラフ $G=(V, E)$ が**連結**であるとは，任意の2頂点 $u, v \in V$ について，u と v を結ぶ道が存在する場合をいう．

　つまり，グラフが連結であるとは，図形として繋がっているということです．一筆がき可能なグラフは当然連結です．

　グラフ $G=(V, E)$ の**連結成分** (connected component) とは，G の連結な部分グラフ H であって，連結性に関して極大なものをいう．つまり，H は連結な部分グラフで，H を真部分グラフとして含むような連結部分グラフは存在しない場合である．図2.4のグラフ G において，図2.5の左のグラフ H' は $\{v_0, v_1, v_2, v_3\}$ と3本の辺で構成されている G の部分グラフであるが，連結性に関して極大ではない．なぜなら，H' を真部分グラフとする G の連結部分グラフ (H' に辺 v_0v_1 を加えたグラフ) が存在するからである．図2.4に示すグラフ G は4個の連結成分からなる．

図2.4：

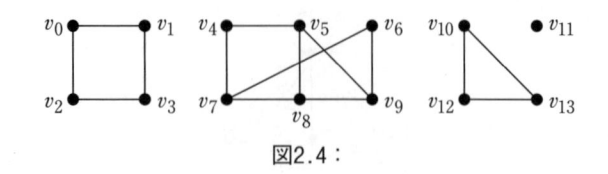

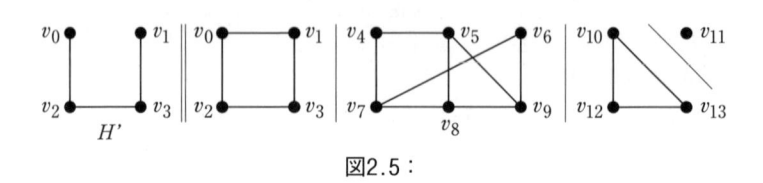

図2.5：

グラフ G の連結成分の個数を $\omega(G)$ で表す．グラフ G が連結であるとは，$\omega(G) = 1$ を意味する．

図2.6は $\omega(G) = 3$ のグラフです（確かめてごらん）．$\omega(G) = k$ のグラフ G は k 個の連結成分が互いに交わらないような図で表現できますが，常にそのように表現されているとは限らないので注意が必要です．

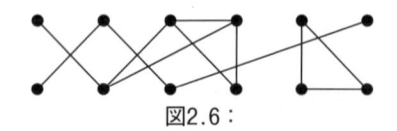

図2.6：

次の定理は（$\Longrightarrow$）をオイラーが1736年の論文で示したもの，（$\Longleftarrow$）はそれから100年後にヒールホルツアー（C.Hierholzer）が示したものである．

定理2.1 $G = (V, E)$ を連結グラフとする．
G がオイラー周遊をもつ $\Longleftrightarrow$ G のすべての頂点は偶頂点である．

証明．（$\Longrightarrow$）オイラー周遊に沿ってたどると，途中の頂点 v では辺に沿って入ってくると辺に沿って出て行くから，v の次数は明らかに偶数である．始点 u については，出発の際に1辺を使うが，途中で u に戻ってきた際には再

び辺に沿って出て行く．最後に終点として辺に沿って u に辿りついて終わるから，出発の際の辺と合わせて，u の次数も偶数である．

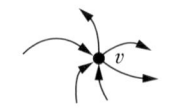

図2.7：途中の頂点 v　　　　図2.8：始点 ＝ 終点

($\Longleftarrow$) 1頂点 $v_0 \in V$ を選び，v_0 から出発し，v_0 と接続している1辺を選んで，歩き始める．どの頂点に到達したときも，まだ使っていない辺が残っていて，この辺を通っていつもこの頂点から先に進むことができる．何故なら，頂点 $v \neq v_0$ に到達し，またこれまでに h 回 v を通過したとすると，v に到着した時点での使用した辺の総数は $2h+1$ である．v の次数は偶数だから，まだ使用していない辺が残っているはずで，この辺を使って出て行く．この操作が続けることができなくなるのは，v_0 に戻ってきて，v_0 に接続する辺をすべて使い切ったときだけである．こうして得られた閉小径を C とする．C が G のすべての辺を含んでいるならば，C はオイラー周遊であり，定理は証明された．

C が含んでいない辺があるならば，G から C のすべての辺を取り除くと，いくつかの連結グラフが得られ（1頂点だけのものもあり得る），これらの頂点の次数はすべて偶数である．これらのグラフのうちで辺を含むものの1つを G_1 とする．G は連結だから，C と G_1 は共通の頂点をもつ；その1つを u_1 とする．同じようにして，u_1 から出発して G_1 上の閉小径を得る；それを C_1 とする．C, C_1 の作り方から，C, C_1 上には，

$(C) \cdots e_1 u_1 e_2 \cdots$

$(C_1) \cdots f_1 u_1 f_2 \cdots$

のような部分がある．そこで閉小径 C_1 を u_1 のところで閉小径 C に挿入して，拡大し，新しい閉小径 C'

$(C') \cdots e_1 u_1 f_1 \cdots f_2 u e_2 \cdots$

を得る．（図2.9も参照せよ．）

図2.9:

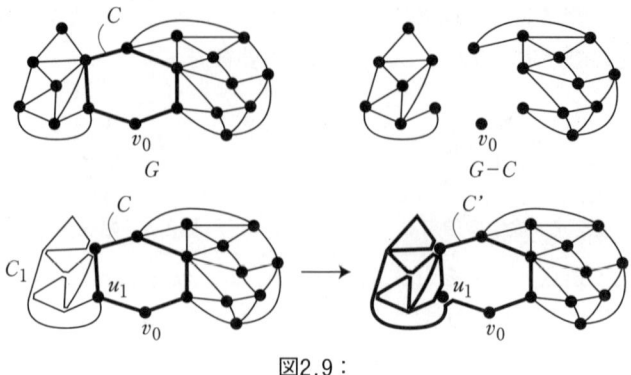

C' は C と C_1 の両方の辺をすべて含むから，C よりは長い閉小径である．C を C' に置き換えてこの操作を反復すると，G の辺数 $|E|$ は有限だから，G のオイラー周遊が得られる．□

覚え書き (1)上の定理はグラフの頂点の次数だけでオイラー周遊の存在を主張しており，グラフが平面上にあることは必要ではない．つまり，グラフのすべての辺を一度だけ通って出発点に戻る経路の存在を主張している．平面グラフでない場合には「一筆がき」という表現に合致しないが，例えば，5頂点の完全グラフ K_5 の頂点の次数はすべて4だから，一筆がき可能であるが，第6章で示すように，K_5 は辺が交差しないように平面上に描くことはできない．

(2)上の定理の後半の証明で，オイラー周遊を構成する際，途中の頂点での辺の選択にはかなりの自由度があり，もともとグラフがサイクルである場合を除き，一筆がきの方法は何通りもある．この多様性については後に議論する．

(3)上の定理の後半の証明では，「G の最も長い閉小径を C とすると，C はオイラー周遊である」を背理法で示すスマートな書き方があるが，ここでは構成的な証明にした．連結ですべての頂点が偶頂点であることを確かめた後，実際に一筆がきをする際に，最初の閉小径を利用してより長い閉小径を得る方法は，無駄がなく有効である．いくつかの蛍光ペンなどを使用して，閉小径を塗り分

けていくとわかり易い.

　始点と終点が異なる場合の一筆がき定理は，上の定理を用いて簡単に証明することができます.

定理2.2　$G=(V, E)$ を連結グラフとする.
　G がオイラー小径をもつ $\iff$ G には奇頂点がちょうど2つある.

証明.　($\Longrightarrow$) T を G のオイラー小径とし，その始点を v_0, 終点を v_t とする. 途中の頂点（v_0, v_t 以外の頂点）の次数が偶数であることは定理2.1の証明と同じである. 始点 v_0 については，最初に出発した後，途中で v_0 に戻ってきても必ず出て行き，最後に v_0 は戻らないので，次数は奇数となる. 終点 v_t についても事情は同じである.

　($\Longleftarrow$) v_0, v_t を奇頂点とする. G に v_0 と v_t を結ぶ辺 $e=v_0 v_t$ を付け加えたグラフを $G+e=(V, E\cup\{e\})$ とすると，$G+e$ の頂点はすべて偶頂点である. 定理2.1より，$G+e$ にはオイラー周遊が存在する. このオイラー周遊から辺 e を取り除くと，v_0 を始点とし，v_t を終点とするオイラー小径が得られる. □

　この定理はさらに，次のように一般化されます.

定理2.3　$G=(V, E)$ を連結なグラフとし，奇頂点がちょうど $2k$ 個 ($k\neq 0$) あるとする（系1.2を参照）. このとき，G には k 個の開小径が存在して，各辺はこれらの小径のうちのどれか1つに含まれる（つまり，G は k 筆書き可能である）. さらに，k より少ない個数の開小径で，このような性質をもつものは存在しない（つまり，k より少ない回数では書けない）.

証明.　G の奇頂点を2つずつ組にして，これらを結ぶ k 本の新しい辺を G に加えて，すべての頂点の次数が偶数のグラフ G' を作る. すると定理2.1より，G' はオイラー周遊をもつ. このオイラー周遊から付け加えた k 本の辺を取り除くと，残りは k 個の開小径で，これらは G の辺をすべて含む.

奇頂点はある開小径の始点か終点であることを考慮すれば，G のすべての辺を含む開小径としては少なくとも k 本が必要である．□

ここまでくると，図2.2のグラフは一筆がきが不可能であるだけでなく，2筆書きが可能であることも結論されます．ここで，数学オリンピックの過去問を挙げておきます．

例題2.1（第5回日本数学オリンピック予選（1995）問2） 縦，横，斜め，どの方向でも秒速1cmで動けるペンを備えた作図装置がある．ペンが紙についていれば動きに従って線が描かれ，ペンが紙から離れていれば何も描かれない．この装置で図2.10の図形を描くのに最短で何秒かかるか．ただし，図に現れる角はすべて直角とし，ペンを紙につけたり離したりする動作には時間はかからないものとし，途中でペンを紙から離すことも許す．

解答：与えられた図形を F とし，これに縦か横か斜めの線分を書き加えて，一筆がきができて，その線分の長さの和が最小となる図形 G を作る．この F では奇頂点は A, B, C, D の4個ある．これら4個から2個を選び，縦か横か斜めの線分で結ぶのであるが，図形の対称性から，$AC, AB, AE+EC$ の3通りを比べれば十分である．$|AC|=\sqrt{2}$，$|AB|=\sqrt{2}$，$|AE|+|EC|=1+1=2$ であるから，A と C を斜めに結ぶ場合が G となり，これをこの作図装置で一筆がきすればよい．このとき，書き加えた線分 AC を通過するとき，始めにペンを紙より離し，終わりにペンを紙につける．下図では長さ1cmの辺を12個と長さ

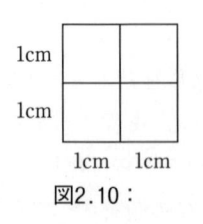

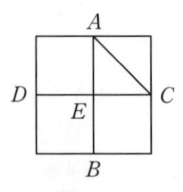

図2.10：

図2.11：

$\sqrt{2}$の線分ACを描くことになるので，$12+\sqrt{2}$秒かかる．

例題2.2（第3回日本数学オリンピック予選（1993）問11） 図2.12を一筆がきで書くとき，書き方は何通りあるか．

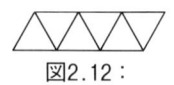

図2.12：

解答：一般に，次の図2.13, 2.14のように，三角形がn個ある場合を考える．

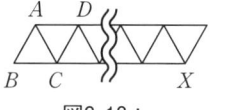

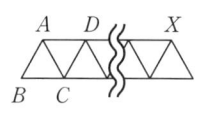

図2.13： 図2.14：

次数が3の頂点A, Xが始点，終点でなければならない．Aが始点でXが終点となる一筆がきの方法がa_n通りあるとする．もちろん，Xを始点としAを終点とする一筆がきの方法もa_n通りである．

図2.13で，三角形が$n=2k$個あるとし，頂点Aから出発する．

(1) $A \to B$のとき：必然的に$A \to B \to C$であり，辺AB, BCを取り除くと，$n-1=2k-1$個の三角形の図で，Cを始点，Xを終点とする一筆がきの方法の個数に一致するので，a_{n-1}通りである．

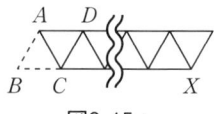

図2.15：

(2) $A \to C$のとき：隣接する2辺$CB \cup BA$をCとAを結ぶ経路と考えれば，この先はCを始点とし，Xを終点とする$n-1=2k-1$個の三角形の図の一筆がきの個数に一致するので，a_{n-1}通りである．

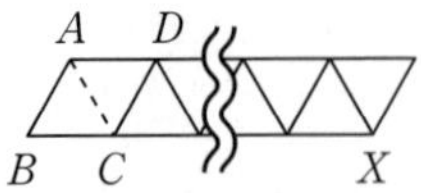

図2.16：

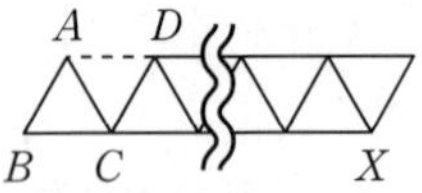

図2.17：

(3) $A \to D$ のとき：4辺 AB, AC, BC, AD を除去して得られる $n-2=2k-2$ 個の三角形の図で，D を始点とし，X を終点とする一筆がきの方法は a_{n-2} 通りである．この各々の場合に頂点 C に到達したときに三角形 CAB を一周する経路を挿入することになるので，求める A から X への一筆がきが得られる．三角形 CAB を一周する方法は2通りあるので，この場合の一筆がきの方法は $2a_{n-2}$ 通りである．

よって，漸化式 $a_n = 2(a_{n-1} + a_{n-2})$ を得る．$a_1 = 2$, $a_2 = 6$ から順次計算して，$a_6 = 328$ を得る．X が始点で A を終点とする一筆がきも同じだけあるので，答は $328 \times 2 = 656$ 通りである．

一筆がきの応用を一つ考える．

例題2.3 次の図2.18はある郵便局の1つの配達区域を示しています．郵便配達員は，郵便局から出発して道沿いに建ち並ぶすべての家に郵便物を届け，郵便局に戻らなければなりません．そのとき，どのような経路を通って郵便物を届けると，無駄がなく，効率的ですか？

まず，この図には池とか川とか家々など，問題に関係がないものも含まれているので，配達路をグラフ化することを考える．図2.19のようなグラフが考えられ，左は素直に道を描いたグラフであり，右は大きい道は平行な辺で表されている．右のグラフは，大きい道に立ち並ぶ家には道の片側ずつ配ることを意味している．左のグラフは，大きい道に立ち並ぶ家に対して道を渡りながら配ることを意味していることになる．右のグラフの頂点はすべて偶頂点なので，D からスタートして一筆がきができる．したがって，D からスタートする一筆がきに沿って配達すれば，大きい道を渡りながら配る必要もなく，（同じ道を2度以上通過することがないので）無駄がなく，効率的に配達できることにな

る．

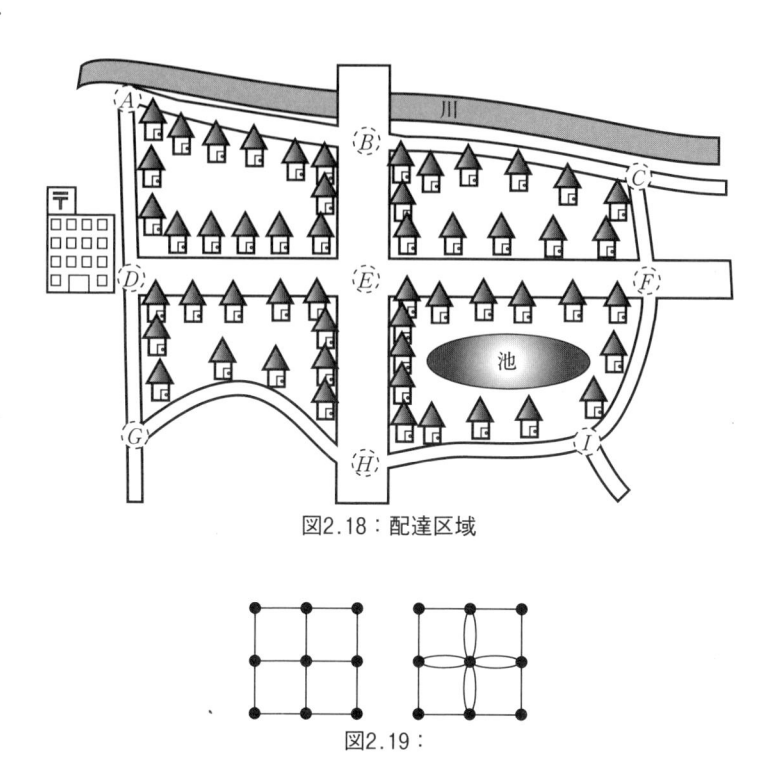

図2.18：配達区域

図2.19：

練習問題

2.1 次の図2.20のグラフ $G=(V, E)$ において次の問に答えよ．
(1) 長さ6の歩道を見つけよ．長さ6の小径を見つけよ．
(2) 長さ12の開歩道を見つけよ．
(3) 長さ6の閉小径を見つけよ．
(4) G における最長のサイクルの長さはいくつか？
(5) G における最長の道の長さはいくつか？ また，最長の道はいくつあるか？

図2.20：

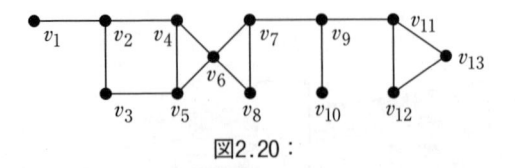

2.2 各 $n \geq 4$ について，**車輪グラフ**（wheel graph）W_n を次のように定義する：W_n は，サイクル C_{n-1} と1点 K_1 を用意し，K_1 と C_{n-1} のすべての頂点とを結んで得られる単純グラフである．C_{n-1} を円周状に描き，その中心に K_1 を配置して W_n を描くと，名前の由来も納得されるであろう．W_n の頂点数は n であることに注意する．

(1) W_4, W_5, W_6, W_7 の図を描いてごらん．

(2) $4 \leq k \leq n$ をみたすすべての k について，W_n は長さ k のサイクルを含むことを示しなさい．

2.3 最長のサイクルの長さが9で，最短のサイクルの長さが4であるようなグラフの例を作りなさい．

2.4 図2.21のグラフ G は，**ペテルセングラフ**（Petersen graph）としてよく知られています．G において次の問に答えよ．

(1) 長さ5の小径を見つけよ．

(2) 長さ9の道を見つけよ．

(3) 長さが，5, 6, 8, 9のサイクルを見つけよ．

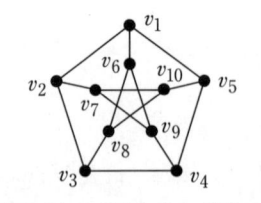

図2.21：ペテルセングラフ

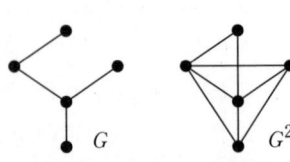

図2.22：グラフの平方

2.5 グラフ $G=(V,E)$ において，2頂点 $u, v \in V$ の間の**距離** $d(u, v)$ を最短の u-v 道の長さと定める．

単純グラフ $G=(V,E)$ に対して，その**平方** (square) G^2 を次のように定める：
(i) 頂点集合は G のそれと一致；$V(G^2) = V$,
(ii) $u, v \in V(G^2)$ について，$uv \in E(G^2)$ となるのは，G において $1 \leq d(u, v) \leq 2$
の場合とする．

図2.22はグラフ G とその平方 G^2 の一例である．
(1) G^2 が K_4 となるような4頂点の単純グラフを3つ見つけよ．
(2) 道 P_4, P_5, P_6, サイクル C_5, C_6, 車輪グラフ W_5, W_6 の平方を描け．

2.6 図2.23のそれぞれについて，●からスタートして●に戻る一筆がきを完成させなさい．

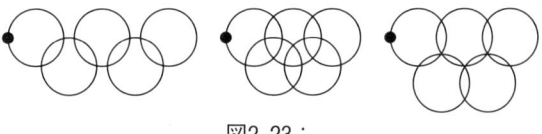

図2.23：

2.7 図2.24は，それぞれ，何筆がき可能かを調べよ．

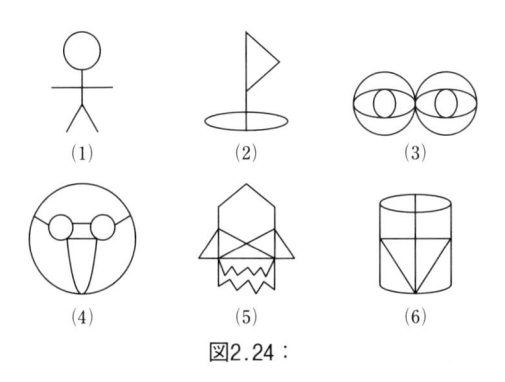

(1)　(2)　(3)

(4)　(5)　(6)

図2.24：

2.8 例題2.3において，中央の東西に走る広い道路の両側は商店街で配達物

が多い．ある配達員は，この商店街を先にまわると後は荷が軽くなって楽だと考えた．無駄がなく，効率的な経路で，そのような配達経路を見つけよ．

2.9 一筆がきできないグラフについて，郵便配達問題はどのように解決すればよいか，あなたの考えを述べよ．

2.2 条件付き一筆がき

上の問題の解答を見てもわかるように，一筆がきができることがわかると，その経路は随分と多様である．この中にはいろいろな特別な一筆がきが含まれている．応用上でおもしろい一例を示そう．

グラフの頂点は点ではなく，小さな円盤であると考える．一筆がきの経路が**交差しない**とは，この円盤の中で経路が交差しないようにつなげる場合をいう（図2.25参照）：

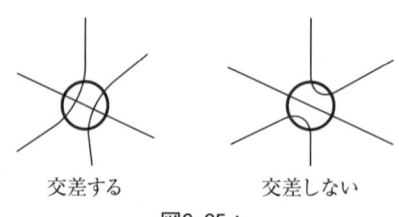

交差する　　交差しない

図2.25：

定理2.4 $G=(V, E)$ を連結な平面グラフとし，すべての頂点が偶頂点であるとする．このとき，G のオイラー周遊として，交差しないものが存在する．

証明． 定理の証明のために，言葉を一つ導入する．平面グラフの頂点 v に接続する辺 e に対して，e と隣り合う辺とは図2.26のような辺をいう：

さて証明に入るが，このグラフがオイラー周遊を持つことは，定理2.1で保証されているので，後は交差しないオイラー周遊を構成すればよい．それには定理2.1の後半の証明において，閉小径を構成する際に工夫をすればよい．実

際，アルゴリズムの形で述べてみよう．

図2.26:

① 1つ頂点 v_0 を選び，v_0 を始点と終点とする閉小径 C を作るが，その際，ある頂点 v に辿り着いた際，次にたどる辺を選ぶときに，これまでに通過していない辺の中から，辿り着いた辺と隣り合う辺を選ぶことにする．

② C が G のすべての辺を含んでいる場合は⑦に行く．

③ C 上の頂点で，C に採用されない辺と接続しているものを選び，それを u とする．

④ u を始点と終点とする閉小径 C_1 を C に採用されなかった辺を使って作る．その際，u から出発してある頂点 v に辿り着いた際，これまでに通過していない辺の中から，辿り着いた辺と隣り合う辺を選ぶことにする．

⑤ C と C_1 を頂点 u で交差が無いようにつなげて新しい閉小径を作り，この新しい閉小径を改めて C とする．この際，必要ならば，C_1 の向きを逆にする（図2.27）：

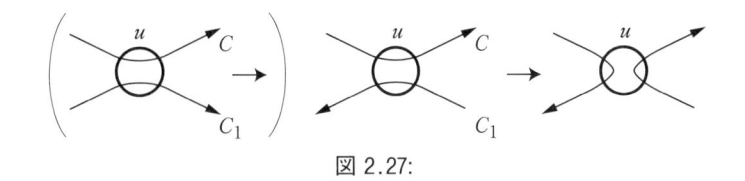

図 2.27:

⑥ ②に戻る．
⑦ C は平面グラフ G の交差のない一筆がきである．□

この証明からも予想されるように，一般に交差のない一筆がきも一般的には一意的ではありません．いろいろな一筆がきから，都合の良いものを選び出す

のも大切な問題になります．

練習問題

2.10 ある芸術家が図2.28のような装飾品を1本の針金で作ろうとする．奇頂点が2個だから，これができることを知っている．できあがりが平面にピタッと乗るように，すべての頂点において交差しないような針金の折り方を指定せよ．

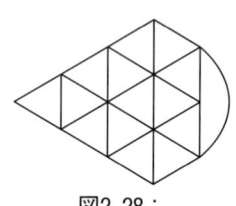

図2.28：

2.11 夏休みの作品展を開催することになった．適切な教室のレイアウトを図2.29の中から選び，見学の順路を考えなさい．

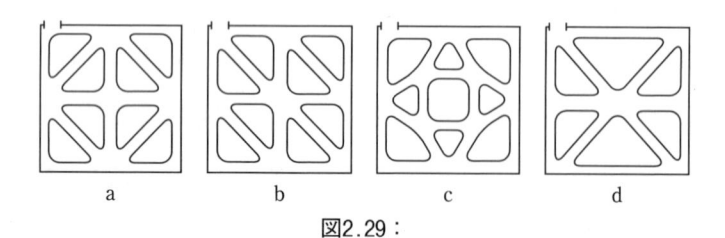

図2.29：

2.3 練習問題の解答とコメント

2.1(1) 例えば，長さ6の歩道は $v_1v_2v_4v_6v_5v_4v_2$ (これは開歩道で小径ではない) があり，長さ6の小径は $v_2v_4v_6v_8v_7v_6v_5$ (これは歩道であるが道ではない) がある．

(2) 例えば，$v_1v_2v_1v_2v_1v_2v_1v_2v_1v_2v_4$ や $v_1v_2v_3v_5v_4v_6v_8v_7v_9v_{11}v_{13}v_{12}v_{11}$ がある．

(3) 例えば，$v_4v_6v_8v_7v_6v_5v_4$ がある．

(4) 長さ 5 の $v_2v_4v_6v_5v_3v_2$ が最大である．

(5) 長さ11の $v_1v_2v_3v_5v_4v_6v_8v_7v_9v_{11}v_{13}v_{12}$ が最長である．このことは，このグラフは頂点数が13個なので最長で長さは12であり，v_{10} を含めた道は長さが11未満になってしまうことからわかる．他には $v_1v_2v_3v_5v_4v_6v_8v_7v_9v_{11}v_{12}v_{13}$ が長さ11の道である．他にはないことは，v_1 から順に考えていくとわかる．v_1 の次は v_2 しかなく，v_2 から長さ11の道を作ろうとすると v_3 に行かないといけない．このように考えていくと，2つしかないことがわかる．

2.2 (1)は図2.30のようになる．

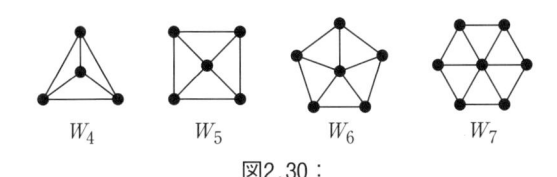

W_4　W_5　W_6　W_7

図2.30：

(2)は図2.31のように考えればよい．

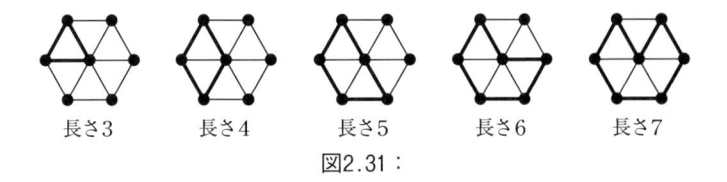

長さ3　長さ4　長さ5　長さ6　長さ7

図2.31：

2.3 図2.32のようなグラフがある．その他にもいろいろ考えられる．

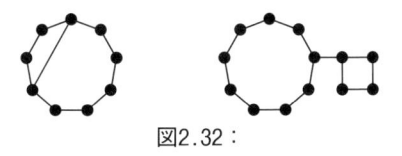

図2.32：

2.4 (1) 例えば，$v_1v_2v_3v_4v_9$ がある．

(2) 例えば，$v_1v_2v_3v_4v_5v_{10}v_7v_9v_6v_8$ がある．

(3) 例えば図2.33のようなところにある.

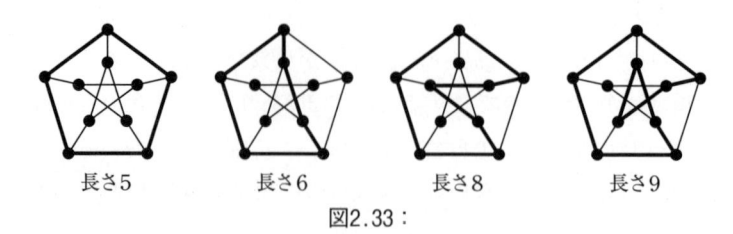

長さ5　　長さ6　　長さ8　　長さ9
図2.33:

2.5 (1)の解答は図2.34で示す:

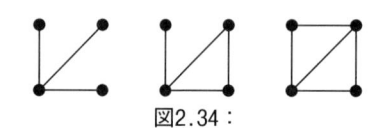

図2.34:

(2)の解答は図2.35で示す:

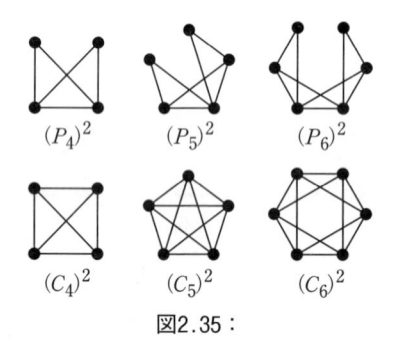

$(P_4)^2$　　$(P_5)^2$　　$(P_6)^2$

$(C_4)^2$　　$(C_5)^2$　　$(C_6)^2$

図2.35:

2.6 このような単純な図でも,一筆がきの方法は随分と多いことがわかるであろう. 円周から構成される連結な図は,交点を頂点とみなしてグラフと考えると,頂点の次数は偶数だから,いつでもオイラーグラフである. ところが,定理2.1の証明を丁寧に考察すると,この逆も成り立つことがわかる. すなわち,次が成立する:

定理2.5 連結なグラフ $G=(V, E)$ がオイラーグラフであるための必要十

分条件は，G に有限個のサイクル $C_{(1)}, C_{(2)}, \cdots, C_{(s)}$ が存在して，次をみたすことである：
$$E = E(C_{(1)}) \cup E(C_{(2)}) \cup \cdots \cup E(C_{(s)}), \quad E(C_{(i)}) \cap E(C_{(j)}) = \emptyset \,(i \neq j).$$

つまり，オイラーグラフは，辺を共有しないようないくつかのサイクルの和として表すことができる．

2.7 (3)と(5)はすべて偶頂点なので，一筆がき可能である．(2)は奇頂点が2つなので，これも一筆がき可能である．(6)は，奇頂点が4つなので，2筆書き可能である．(1)と(4)は，奇頂点が6つなので，3筆書き可能である．

2.8 解答例は図2.36に示す．

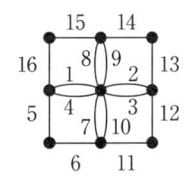

図2.36：練習問題2.8の解答例 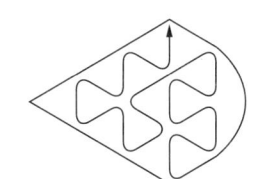   図2.37：練習問題2.10の解答例

2.9 なるべく少なく辺を加えて一筆がき可能なグラフになるようにする．

2.10 解答例を図2.37で示す：

2.11 各レイアウトをグラフ化して考えると，図2.38のようになある．教室の出入り口は一つしかないので，始点と終点が同じ一筆がきができるものを選択するとよく，それはcのみである．次に，順路は辺の交差があると，そこで人が交錯してしまうため，辺の交差のない一筆がきをする．例えば，図2.38がある．

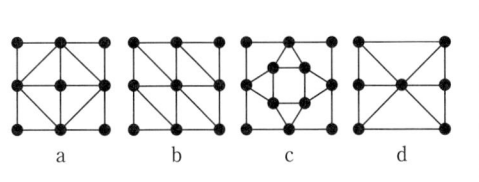

図2.38：

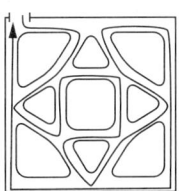

> **談話室** 偶奇性の検査（parity check）

　握手の補題の系では，どんなグラフにおいても，次数が奇数の頂点（奇頂点）の個数は偶数であることを述べた．ものの個数を数えると，その結果は偶数か奇数になるが，ものによっては偶数にしかならなかったり，奇数にしかならないということが起こる．数に関わる集合を2つに分割するとき，偶数組と奇数組に分けると都合がよい場合が結構多い．グラフがオイラー周遊をもつか否かの判定では，その頂点の次数の偶奇が決定的な役割を果たした．グラフ理論において，偶頂点・奇頂点，偶サイクル・奇サイクル，長さが偶数の道・奇数の道などが命名されているのは，これらが決定的な役割を果たす場面があるからである．

第3章

マッチング

「マッチ（match）」を日本語の辞書で調べると，「勝負・競技・試合」と「つりあうこと・似合うこと」などとなっています．この章で学ぶマッチングは，グラフの上で頂点同士をある条件のもとで対にすることなのですが，日本語の適訳が見当たらないので，カナ書きで使うのが慣例になっています．2部グラフを中心に応用の広い分野です．

3.1 マッチングとは

この章では，ループをもたないグラフのみを取り扱います．実際，2頂点が隣接しているか否かが主要な話題ですので，平行辺ももたない単純グラフに制限して考察すれば十分です．

グラフ $G=(V, E)$ において，辺集合 E の部分集合 M で M のどの2辺も互いに隣接しないとき，M を G の**マッチング**（matching）という．

つまり，$M \subset E$ がマッチングであるとは，任意の2辺 $e=uv, f=xy \in M$ について，4頂点 u, v, x, y がどの2つも互いに異なる場合である．

例3.1 図3.1(i), (ii)のグラフ G_1 において，太線で示した辺の集合 $M_1=\{e_3, e_6\}$, $M_2=\{e_3, e_2, e_9\}$ はいずれも G_1 のマッチングである．図3.1(iii)のグラフ

G_2 において，太線で示した辺の集合 $M_3=\{e_3, e_5, e_7\}$ は G_2 のマッチングである．

もう少し言葉を導入します．
M をグラフ $G=(V, E)$ のマッチングとする．頂点 $v \in V$ がある辺 $e \in M$

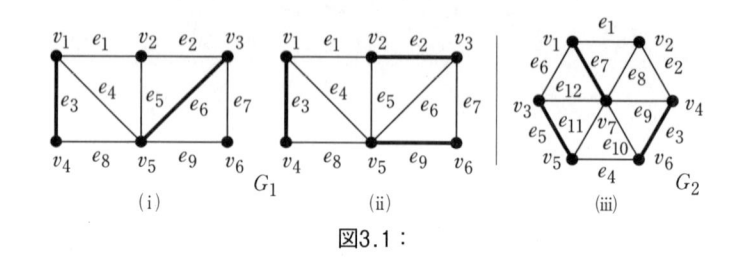

図3.1：

の端点であるとき，v は M-**飽和** (M-saturated) であるという．そうでないとき，v は M-**非飽和**であるという．

図3.1の例では，v_1, v_3, v_4, v_5 は M_1-飽和であり，$v_1, v_2, v_3, v_4, v_5, v_6$ が M_2-飽和であり，$v_1, v_3, v_4, v_5, v_6, v_7$ が M_3-飽和です．どんなマッチング M においても，偶数個の頂点が M-飽和です．また，v_2, v_6 は M_1-非飽和であるが，G のすべての頂点は M_2-飽和です．M_3 では，v_2 のみが M_3-非飽和です．

グラフ $G=(V, E)$ のマッチング M で G のすべての頂点を M-飽和とするとき，M を**完全マッチング** (perfect matching) とよぶ．

グラフ $G=(V, E)$ のマッチング M で G のどのマッチング M' も M より辺の本数が少ないとき，M を**最大マッチング** (maximum matching) とよぶ．

例3.2 図3.1のマッチング $M_2=\{e_1, e_3, e_4\}$ は完全マッチングである．$M_3=\{e_3, e_5, e_7\}$ は最大マッチングであるが，完全マッチングではない．

問3.1(1) グラフ $G=(V, E)$ が完全マッチングをもつならば，頂点数 $|V|$ は偶数であることを示せ．（従って，頂点数が奇数のグラフは完全マッチングをもたない．）

(2) 偶サイクル C_{2k} は k 本の辺からなる完全マッチングをもち，奇サイクル C_{2k+1} は完全マッチングをもたず，k 本の辺からなる最大マッチングをもつことを示せ．

(3) 頂点数が偶数であって，完全マッチングをもたないグラフの例を挙げよ．

例題3.1 学生 $A, B, C, \cdots, J$ の10人が集まった．A と D，A と E，A と J，B と D，B と E，B と I，C と D，C と E，C と I，D と G，D と H，E と F，E と G，F と I，F と J，G と I，G と J，H と J が知り合いである．このとき，知り合い同士でペアをつくることが可能であるか？

この状態を，学生たちを頂点とし，知り合いであるときに辺で結び，グラフで表すと，図3.2の(i)のようになる．するとこの問題は，このグラフに完全マッチングがあるか否かということになる．このグラフを考察すると，(ii)のように頂点集合が白と黒の2種類に分類されて，白どうし，黒どうしは隣接しないことがわかり，これを(iii)のように表してみると，左のグループと右のグループの頂点数が異なることから，完全マッチングは存在しないことがわかる．

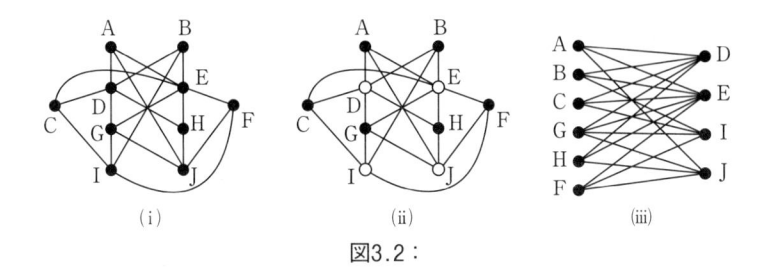

図3.2：

3.2　2部グラフ

上の例題のように，マッチングは，頂点集合が2種類あるいは2組に分かれていてそれらの関係でできるようなグラフにおいて考えることが多いのです．そこで言葉を用意します．

グラフ $G=(V, E)$ が **2部グラフ** (bipartite graph) であるとは，次の条件を みたす場合をいう：頂点集合 V が 2 つの集合 $X \neq \emptyset$，$Y \neq \emptyset$ に分割され， $V=X \cup Y$，$X \cap Y=\emptyset$ で，任意の辺 $e=xy \in E$ は X の頂点と Y の頂点を結ぶ ($x \in X$, $y \in Y$)．このような分割 $V=X \cup Y$ を G の **2分割** (bipartition) という．

例3.3 図3.3では，(i)と(ii)のグラフは 2 部グラフであるが，(iii)は 2 部グラフ ではない．(i)と(ii)は頂点にうまく白と黒を塗ると，どの辺も白頂点と黒頂点を 結ぶようにできる．しかし，(iii)はどのように頂点に色を塗っても同じ色の頂点 が辺で結ばれてしまう．

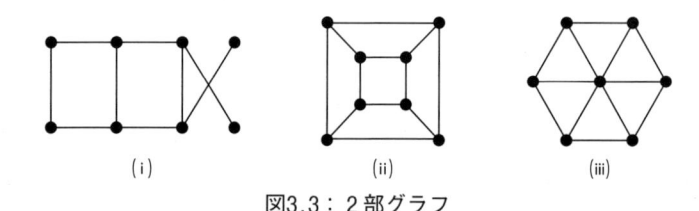

図3.3：2 部グラフ

2 分割 $V=X \cup Y$ をもつ 2 部グラフ $G=(V, E)$ が **完全 2 部グラフ** (complete bipartite graph) であるとは，G は単純グラフで，X のすべての頂点が Y のすべての頂点と隣接している場合をいう．$|X|=m$，$|Y|=n$ である場合に， そのようなグラフ（の同型類）を $K_{m,n}$ で表す．$K_{m,n}$ と $K_{n,m}$ は同型であり， 頂点数は $m+n$，辺数は mn である．

例3.4 図3.4は完全 2 部グラフの例である．

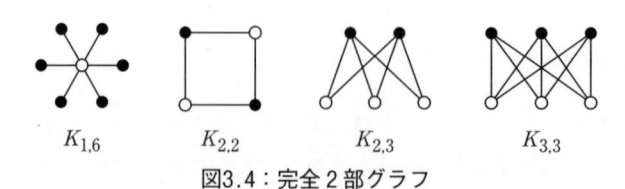

$K_{1,6}$ $K_{2,2}$ $K_{2,3}$ $K_{3,3}$
図3.4：完全 2 部グラフ

ここで2部グラフの特徴付けを与えることにします.

定理3.1 $G=(V,E)$ を $E\neq\emptyset$, $|V|\geq 2$ なるグラフとする. G が2部グラフであるための必要十分条件は, G は奇サイクルをもたないことである.

証明. ($\Longrightarrow$) G を2部グラフとし, $V=X\cup Y$ をその2分割とする. $C=v_0 v_1 v_2 \cdots v_k v_0$ を G のサイクルとする. サイクルの定義から (その表示はどの頂点から始めてもよいので), $v_0 \in X$ と仮定してよい. すると, G は2部グラフなので, $v_1 \in Y$ となり, さらに, $v_2 \in X$, $v_3 \in Y$, $v_4 \in X$, … となるから, $v_k \in Y$ でなければならない. したがって, k は奇数であり, C の長さは偶数となる.

($\Longleftarrow$) G は連結であると仮定してよい. 実際, $\omega(G)=k>1$ とし, G_1, G_2, …, G_k をその連結成分とすると, G が2部グラフならば, 各連結成分 G_i も2部グラフであり, 逆に, 各連結成分が2部グラフならば G も2部グラフとなる (何故か?). また, G のサイクルが異なる連結成分にまたがることはないからである.

1頂点 u_0 を選び, 固定する. この u_0 を基準として, V を2つに分割する:
$X=\{u\in V|$ 最短の u_0-u 道の長さが偶数である $\}$,
$Y=\{v\in V|$ 最短の u_0-v 道の長さが奇数である $\}$.
$u_0\in X$ で, G が連結で空でない単純グラフだから, u_0 と隣接している頂点があるので, $Y\neq\emptyset$ であり, $X\cup Y=V$ である. また, 各頂点は X と Y の一方にしか属さないから, $X\cap Y=\emptyset$ である. そこで, 以下ではこの $X\cup Y$ が G の2分割であることを示せば十分である.

任意の2頂点 u, $u'\in X$ について, 最短の u_0-u 道 P と最短の u_0-u' 道 Q を選ぶ. (最短の道は一意的とは限らないので, 最短の道の1つを指定する.) P, Q の長さはともに偶数である. P と Q の共通の頂点を w とする. (u_0 が共通なので, 共通の頂点が必ず存在する.) P, Q が最短の道であることから, P 上をたどる u_0-w 道の長さと, Q 上をたどる u_0-w 道の長さは等しい. よって, P 上をたどる w-u 道と Q 上をたどる w-u' 道の偶奇は相等しい (つまり, w-u 道の長

さが奇数ならば，w-u' 道の長さも奇数であり，w-u 道の長さが偶数ならば，w-u' 道の長さも偶数である．）ここで改めて，P と Q の共通の頂点のうち，P 上でみて最も u に近い頂点を w とする．（w は Q 上でみても最も u' に近い頂点である．）そこで，P 上をたどる w-u 道を P' とし，Q 上をたどる w-u' 道を Q' とする．このとき，P' と Q' の長さの偶奇は一致するから，もしも辺 uu' が存在するとすると，これらをつないで得られるサイクル $P' \cup Q' \cup uu'$ の長さは奇数となる．これは仮定に反するので，辺 uu' は存在しない．

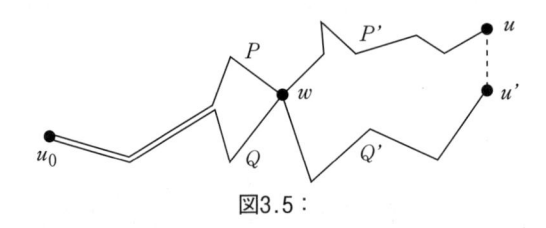

図3.5：

$u, u' \in X$ は任意であったから，G には X の 2 頂点を結ぶ辺は存在しない．まったく同様の議論により，Y の 2 頂点を結ぶ辺も存在しないことが示される．したがって，G は 2 部グラフである．□

2 部グラフは，本章だけではなく，これからいろいろなところで登場します．

3.3 結婚定理

ここから再び 2 部グラフのマッチングの問題に戻ります．まず，例題から始めます．

例題3.2 図3.6の部屋にその右にあるような 2 連のタイルを敷き詰めることができるか．

マス目は偶数個であるから，できないことを示すのは，簡単ではありません．そこで図3.7のように部屋を，隣り合うマスが異なる色となるように，2 色で彩色してみます．（このような彩色をチェッカーボード彩色，市松模様などとい

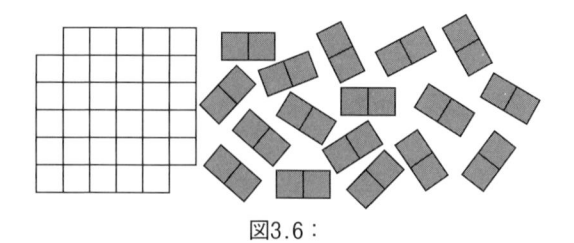

図3.6:

う．）すると，図3.8のような2部グラフが得られます．このグラフで考えると，2連のタイル張りの問題は，このグラフが完全マッチングをもつか？という問題となります．

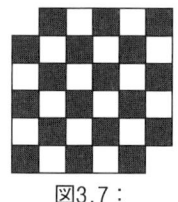

図3.7: 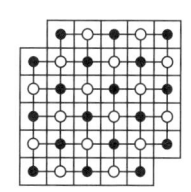   図3.8:

ところが，図3.8の2部グラフでは，黒頂点の個数が18，白頂点の個数が16であり，個数が異なるので，このグラフが完全マッチングをもたないことが結論されます．

例3.5 図3.9のグラフでは，完全マッチングが容易に見つかる．実際，このような頂点数（辺数）が小さいグラフでは試行錯誤しながら探せば簡単である．

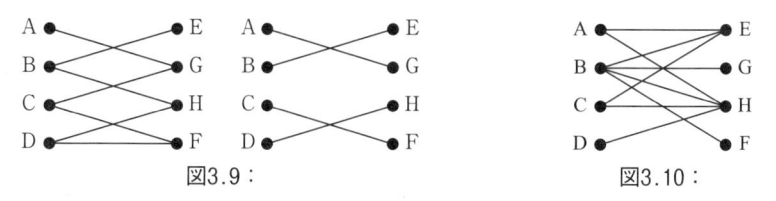

図3.9:   図3.10:

図3.10のグラフでは，完全マッチングが存在しないことが容易にわかる．「存在しない」と結論する理由はいろいろある．例えば，完全マッチング M が

存在するとすると，次数1の頂点 G, H を M-飽和とするために，辺 GB, $FB \in M$ としなければならないが，これらの2辺は隣接しているので，これは不可能である．この他の理由も考えてみてください．

これらの例を背景に，完全マッチングが存在するための必要十分条件を示します．そのために記号を一つ導入します．

グラフ $G=(V, E)$ において，頂点 $v \in V$ の近傍 $N(v)$ とは，v と隣接する頂点の集合をいう：$N(v)=\{u \in V | uv \in E\}$．次に，頂点集合 V の部分集合 $S=\{v_1, v_2, \cdots, v_k\}$ に対して，S の**近傍** $N(S)$ を次のように定める：

$$N(S)=N(v_1) \cup N(v_2) \cup \cdots \cup N(v_k)$$

つまり，$N(S)$ とは，S のどれかの頂点と隣接している頂点の集合である．$v \notin N(v)$ であるが，一般に $N(S) \cap S \neq \emptyset$ である．

定理3.2（Hallの結婚定理） $G=(V, E)$ を，2分割 $V=X \cup Y$ をもつ2部グラフとする．G に完全マッチングが存在するための必要十分条件は，$|X|=|Y|$ でかつ次の条件 (*) が成り立つことである：

(*) X の任意の部分集合 S について，$|S| \leq |N(S)|$．

証明．必要性は明らかである．実際，$|S|>|N(S)|$ なる部分集合 $S \subset X$ が存在すると，S の頂点を飽和にする辺が不足する．なお，2部グラフの定義から，$S \subset X$ なので，$N(S) \subset Y$ であり，$N(S) \cap S = \emptyset$ である．

十分性の証明．頂点の個数 $n=|X|$ に関する数学的帰納法を用いる．$n=1$ のときは明らかに成り立つ．$n \geq 2$ とし，n 未満の場合には定理が成り立つと仮定する．最初に強い条件をみたす(i)の場合を示し，次に(i)でない場合(ii)を示す．

(i) X のどの $k(<n)$ 個の部分集合 S についても，$|S| \leq |N(S)|+1$ が成り立つ場合：X の任意の頂点 x を選び，x に接続する1辺をマッチングの要素として選ぶ．すると，$X-\{x\}$ の $k-1$ の頂点に関して帰納法の仮定が成り立つので，完全マッチングが存在する．

(ii) ある部分集合 $S \subset X$ が存在して，$|N(S)|=|S|=k<n$ をみたす場合：こ

の S は帰納法の仮定をみたすので，S に接続する辺のなかから k 本の辺を選び，S の元を飽和するマッチング M_0 を選ぶことができる．G から頂点 $S \cup N(S)$ を取り除いたグラフを G' とし，$X-S=T$ とする；$|T|=n-k$ である．T のどの部分集合 U，$|U|=h<n-k$，についても，G' において $|U| \leq |N(U)|$ が成り立つ．なぜなら，$|U|>|N(U)|$ なる部分集合 $U \subset X-S$ が存在すると，G において部分集合 $S \cup U \subset X$ は，$|S \cup U|>|N(S \cup U)|$ となるからである．

2部グラフ G' において，T も帰納法の仮定をみたすので，G' において $X-S$ のすべての頂点を飽和する完全マッチング M' が存在する．$M_0 \cup M'$ は G の完全マッチングである．□

図3.9のグラフでは，$S=\{A, C, D\} \subset X=\{A, B, C, D\}$ とすると，$N(S)=\{E, H\}$ だから，$|S| \leq |N(S)|$ をみたしません．また，$S'=\{G, F\} \subset Y=\{E, G, H, F\}$ とすると，$N(S')=\{B\}$ となって，$|S'| \leq |N(S')|$ をみたしません．したがって，このグラフが完全マッチングをもたないことが結論されます．いずれにしても，$S \subset X$ または $S' \subset Y$ で，$|S| \leq |N(S)|$ または $|S'| \leq |N(S')|$ をみたさないものを見つけた段階で完全マッチングが存在しないことがわかります．

この定理は次のように一般化され，こちらを Hall の結婚定理（P.Hall, 1935）ということもあります．証明は上の定理の証明とほとんど同じです．

定理3.3 $G=(V, E)$ を，2分割 $V=X \cup Y$ をもつ2部グラフとし，$|X| \leq |Y|$ とする．X のすべての頂点を飽和するような G のマッチングが存在するための必要十分条件は，次の条件 (∗) が成り立つことである：

 (∗) X の任意の部分集合 S について，$|S| \leq |N(S)|$．

系3.4 k-正則な2部グラフ $G=(V, E)$，$k>0$，は完全マッチングをもつ．

証明． G の2分割を $V=X \cup Y$ とする．各頂点 $x \in X$ に k 本の辺が接続していて重複はないから，X から Y へ行く辺の総計は $k|X|$ であり，これが E の

全てである．同様に，各頂点 $y \in Y$ に k 本の辺が接続していて重複はないから，Y から X に行く辺の総計は $k|Y|$ で，これが E の全てであるから，$k|X|=k|Y|$ である．$k>0$ だから，$|X|=|Y|$ が成り立つ．

S を X の部分集合とする．E_1 を S の頂点に接続する辺の集合とする．すると，G の k-正則性から，次が成り立つ：

$|E_1|=k|S|$

E_2 を $N(S) \subset Y$ の頂点に接続する辺の集合とする．$N(S)$ の頂点は S の頂点と辺で結ばれているから，$E_1 \subset E_2$ であるから，次が成り立つ：

$|E_1| \leq |E_2|$

また G の k-正則性より，次も成り立つ：

$|E_2|=k|N(S)|$

上の3つの式から，求める条件 (*) $|S| \leq |N(S)|$ が常に成立することが結論される．定理3.2より，G は完全マッチングをもつ． □

練習問題

3.1 n 頂点の車輪グラフ W_n のうちで，完全マッチングをもつのは，n がどんな値の場合か？

3.2 n 頂点の完全グラフ K_n のうちで，完全マッチングをもつのは，n がどんな値の場合か？

3.3 単純グラフ $G=(V, E)$ が**完全3部グラフ** (complete tripartite graph) であるとは，空でない部分集合 $X_1, X_2, X_3 \subset V$ が存在して，次の2条件をみたす場合をいう：

(イ) $X_1 \cup X_2 \cup X_3 = V$, $X_i \cap X_j = \emptyset$ $(i \neq j)$．このような V の分割 $X_1 \cup X_2 \cup X_3$ を G の3分割という．

(ロ) $u, v \in V$ について，$uv \in E \iff u$ と v は同一の X_i に属さない．

$|X_1|=r, |X_2|=s, |X_3|=t$ のとき，完全3部グラフを $K_{r,s,t}$ で表す．

(1) $K_{1,2,2}$, $K_{2,2,2}$, $K_{2,3,3}$, $K_{3,3,3}$ を描いてみよ．

(2) $K_{r,s,t}$ の辺数は何本か？

(3) $3n$ 頂点の完全 3 部グラフ $K_{n,n,n}$ が完全マッチングをもつのはどんな場合か？

3.4 次を証明せよ：2-正則グラフ G が完全マッチングをもつための必要十分条件は，G の各連結成分が偶サイクルであることである．

3.5 図3.11に示した3-正則グラフ（3本の蠅叩きと呼ばれる）は完全マッチングをもたないこと，および7本の辺からなる最大マッチングが存在することを示せ．

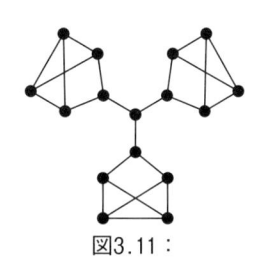

図3.11：

3.6 次のグラフには何通りの完全マッチングがあるか？
  (a) $K_{n,n}$ (b) K_{2n}

3.4 交互道

グラフ $G=(V,E)$ が与えられとき，1本，あるいは数本の辺を選び，G の一つのマッチングをみつけることができます．これを利用して，より辺の数が多いマッチングを得る方法を考えてみます．

グラフ $G=(V,E)$ にマッチング M が与えられているとする．G における道 $P = v_0 e_1 v_1 e_2 v_2 e_3 \cdots v_{k-1} e_k v_k$ は，辺 $e_1, e_2, e_3, \cdots, e_k$ が M の辺と，M でない辺が交互に現れるとき，**M-交互道** (M-alternating path) とよばれる．M-交互

道には図3.12に示す4つのタイプがある：

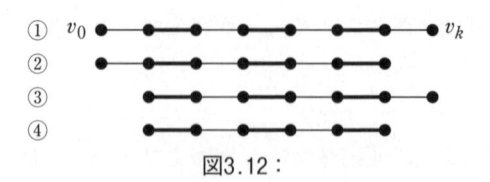

① v_0 ●—●—●—●—●—●—● v_k
② ●—●—●—●—●—●—●
③ ●—●—●—●—●—●—●
④ ●—●—●—●—●—●—●

図3.12：

このうち①のタイプで，始点 v_0 と終点 v_k が共に M-非飽和であるものを **M-増大道**（M-augmenting path）という．

この名称は次の事実に由来します：M-増大道 P が見つかったとき，

　　M からこの増大道 P 上にある M の辺を取り除き，

　　P の辺で M に属さなかったものを M に加える

という操作を実行すると新しいマッチング M' が得られ，$|M'|=|M|+1$である．実際，M-飽和の頂点はすべて M'-飽和であり，新たに2頂点 v_0, v_k が M'-飽和となります．なお，M-増大道の長さは奇数です．

例3.6　図3.13(a)において太線で描いた2本の辺をマッチング M とすると，v_1, v_2, v_3, v_5 が M-飽和，v_4, v_6, v_7 が M-非飽和である．(b)の矢印つき破線のように M-増大道を選ぶと，(c)で太線で示すような3本の辺からなる新しいマッチング M' を得る．頂点数が7なので，このマッチング M' は最大マッチングである．

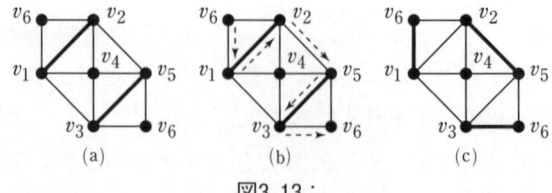

(a)　(b)　(c)

図3.13：

この増大道と Hall の結婚定理を背景に，2部グラフの最大マッチングを求めるアルゴリズムを考えてみます．あるマッチング M を適当に求めて，M-増大道を探し，要素を増やしていけばよいわけです．

$G=(V, E)$ を2分割 $V=X\cup Y$ をもつ2部グラフとし，簡単のために，$|X|=|Y|$ とする．

ステップ1：G のマッチングを1つ決め，M とする．（1本の辺を選べばそれでマッチングであるから，とにかくスタートできる．ただし，ある程度辺の多いマッチングを選んだ方が早くアルゴリズムが終了する．）

ステップ2：X のすべての頂点が M-飽和ならば，M は最大かつ完全マッチングであるから，ここで終わる．そうでないならば，M-非飽和の頂点 $x_0 \in X$ を選び，$S=\{x_0\}$，$T=\emptyset$ とする．

ステップ3：G において，$N(S)=T$ なら，$|T|=|S|-1$ だから，$|N(S)|<|S|$ である．（この場合，Hall の結婚定理より，G には完全マッチングが存在しないことが結論される．）$N(S)\neq T$ ならば，1頂点 $y\in N(S)-T$ を選ぶ．

ステップ4：y が M-飽和なら，y とマッチングの辺で隣接している頂点 z について，S を $S\cup\{z\}$ とし，T を $T\cup\{y\}$ として，ステップ3に行く．（$|T|=|S|-1$ をみたしている．）

y が M-非飽和ならば，P を x_0 から y への M-交互道を選ぶ；これは M-増大道である．P 上の辺で M に属するものを M から取り除き，P 上の辺で M に属さないものを M に加え，新しいマッチングを得る．そしてステップ2に戻る．

例3.7 図3.14(i)の2部グラフに上のアルゴリズムを適用してみる．

ステップ1：まず，マッチング $M=\{x_2y_2, x_3y_1, x_5y_3\}$ を選ぶ．（マッチングを破線で示してある．）

ステップ2：M-非飽和な頂点があるので，$S=\{x_4\}$，$T=\emptyset$ とする．

ステップ3：$N(S)\neq T$ なので，$y=y_2$ とする．

ステップ4：y_2 は M-飽和なので，$z=x_2$ で，$S=\{x_2, x_4\}$，$T=\{y_2\}$ とする．

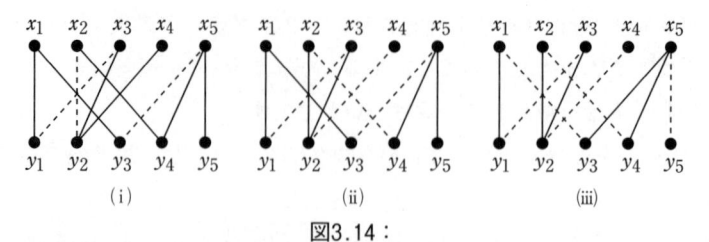

図3.14:

ステップ3：$N(S) \neq T$なので，$y=y_4$とする．

ステップ4：y_4はM-非飽和なので，M-交互道$P=x_4y_2x_2y_4$を選ぶ；PはM-増大道である．そこで，Mからx_2y_2を取り除き，x_4y_2, x_2y_4をMに加える（図3.14(ii)）．

ステップ2：新しいマッチングMについて，M-非飽和な頂点があるので，$S=\{x_1\}$, $T=\emptyset$とする．

ステップ3：$N(S) \neq T$なので，$y=y_3$とする．（ここで$y=y_1$でもよい．）

ステップ4：y_3はM-飽和なので，$z=x_5$となる．$S=\{x_1, x_5\}$, $T=\{y_3\}$とする．

ステップ3：$N(S) \neq T$なので，$y=y_1$とする．（ここで$y=y_4, y_5$でもよい．）

ステップ4：y_1はM-飽和なので，$z=x_3$となる．$S=\{x_1, x_3, x_5\}$, $T=\{y_1, y_3\}$とする．

ステップ3：$N(S) \neq T$なので，$y=y_5$とする．（ここで$y=y_2, y_4$でもよい．）

ステップ4：y_4はM-飽和なので，x_1からy_5へのM-増大道$P=x_1y_3x_5y_5$を得る．Pのマッチングの辺x_5y_3をマッチングから外し，マッチングでない辺x_1y_3, x_5y_5をマッチングに加え，新しいマッチングを再びMとする．これでXの頂点はすべて飽和となったので（図3.14(iii)），このMは完全マッチングである．

注：このアルゴリズムの実行に際しては，上の例でも見られるように，S, Tの元の選び方にかなりの自由度があり，完全マッチングも一意的ではない．

例題3.3 クラスの仲間9人で，ACGCというチームと野球の試合を行うことになった．9人の守ることができる守備位置は図3.15のようである．
(1) 全員が守備位置につくことは可能であるか？
(2) 市川がピッチャーを行い，全員が守備位置につくことは可能であるか？
(3) 南園がセカンドを守り，全員が守備位置につくことは可能であるか？

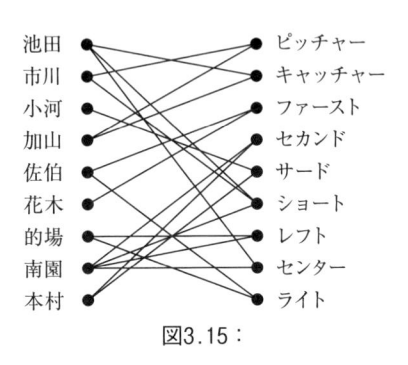

図3.15:

解答．(1)は可能である．例えば，図3.16(i)がある．

(2)も可能である．例えば，図3.16(ii)がある．

(3)は不可能である．図3.16(iii)の2部グラフで完全マッチングを探すことになる．しかし，$S=\{$小河，南園，本村$\}$とすると，$N(S)=\{$セカンド，サード$\}$となり，定理3.2から，完全マッチングは存在しないことがわかる．

2部グラフとは限らない一般のグラフにおいても，増大道はマッチングに関して重要な役割を果たします．それを示すために，次の定理を示します．

定理3.5 $G=(V,E)$を単純グラフとし，M_1, M_2をGのマッチングとする．辺の集合
$$M_1 \triangle M_2 = (M_1 - M_2) \cup (M_2 - M_1)$$
で誘導されるGの部分グラフをHとする．このとき，Hの各連結成分は次の2つのタイプのいずれかとなる：
(1) 偶サイクルでその辺はM_1の辺とM_2の辺が交互に現れる．

(2) 道でその辺は M_1 の辺と M_2 の辺が交互に現れる．

(**注**：2つの集合 A, B について，$A\triangle B$ は A と B の**対称差**（symmetric difference）とよばれ，A または B の一方にだけ属し，両方には属さない要素からなる集合である．$A\triangle B = A\cup B - A\cap B$ とも表せる．)

図3.16：

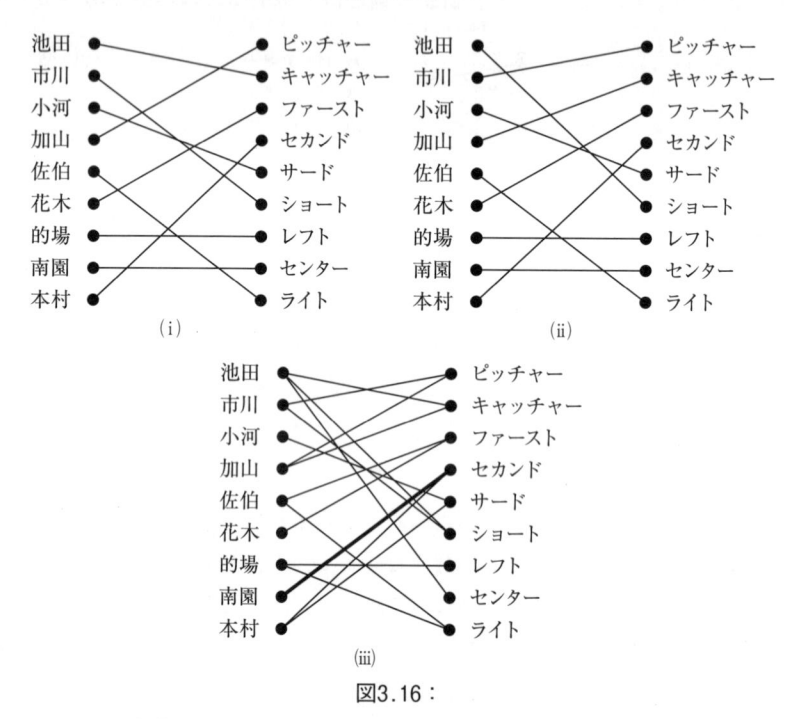

証明．v を誘導部分グラフ H の頂点とすると，次のいずれかになっていることがわかる：

(i) v は $M_1 - M_2$ の辺と，$M_2 - M_1$ の辺の端頂点である．

(ii) v は $M_1 - M_2$ と $M_2 - M_1$ のいずれか一方の辺の端頂点である．

いずれの場合も，M_1, M_2 はマッチングだから，v を端頂点とする M_1 の辺は高々1本であり，同様に v を端頂点とする M_2 の辺も高々1本である．したがって，(i)の場合は v の H における次数は2であり，(ii)の場合は v の次数は

1である.よって,H の各連結成分の頂点の次数は 1 か 2 である.すべての頂点の次数が 2 の連結成分は明らかに(1)のサイクルであり,次数 1 の頂点を含む連結成分はもう 1 つだけ次数 1 の頂点を含み,(2)の道となる.□

次の定理は,C.Berge によって 1957 年に証明されたもので,増大道によって最大マッチングを特徴付ける重要なものです.

定理3.6 グラフ $G=(V,E)$ のマッチング M が最大マッチングであるための必要十分条件は,G には M-増大道が存在しないことである.

証明. ($\Longrightarrow$) 対偶を証明する.M を G のマッチングとする.もしも G に M-増大道 P が存在するならば,増大道の定義の後で述べた変換によって M より要素が 1 つ多いマッチング M' が得られる.したがって,M は最大マッチングではない.

($\Longleftarrow$) M を G のマッチングとし,M-増大道が存在しないとする.このとき,M が最大マッチングであることを証明したい.

M' を G の任意の最大マッチングとする.$|M|=|M'|$ を証明すれば十分である.H を M と M' の対称差
$$M \triangle M' = (M-M') \cup (M'-M)$$
から誘導される部分グラフとする.定理 3.4 から,H の連結成分は次のいずれかである:

(1) 偶サイクルでその辺は M の辺と M' の辺が交互に現れる.
(2) 道でその辺は M の辺と M' の辺が交互に現れる.

偶サイクルの場合は,そこに現れる M と M' の辺の本数は等しい.

道の場合は,誘導部分グラフの定義から,その始点と終点は 2 つのマッチング M,M' のいずれか一方でのみ飽和であることに注意する.もしもこのタイプの道で長さが奇数のものが存在したとする.その始点と終点は共に M-非飽和であるか,M'-非飽和である.M-非飽和ならば,この道は M-増大道であり,

M-増大道は存在しないという条件に反する．M'-非飽和ならば，この道はM'-増大道であるが，M'が最大マッチングであることから，この定理の前半の主張に反する．したがって，(2)のタイプの道で，奇数の長さのものは存在しない；つまり，(2)のタイプの道はすべてその長さは偶数である．したがって，この道に現れるMの辺とM'の辺の本数は等しい．よって，次が成り立つ：

$$|M-M'|=|M'-M|$$

一方，差集合の定義から，次が成り立つ：

$$|M|=|M-M'|+|M\cap M'|,\ |M'|=|M'-M|+|M\cap M'|$$

上の等式とあわせて，$|M|=|M'|$を得る．よって，Mは最大マッチングである．

練習問題

3.7 中平さんはレストランを経営しており，A, B, C, …, Jの10人を雇っている．店の営業には，ホール2人，調理場（炒め物），調理場（揚げ物），レジが，それぞれ1人必要である．Aはホールとレジ，Bはホール，Cは調理場（炒め物）と調理場（揚げ物），Dは調理場（炒め物），Eはホールと調理場（揚げ物），Fはホールとレジ，Gはホールとレジ，Hは調理場（炒め物）と調理場（揚げ物），Iは調理場（炒め物）と調理場（揚げ物），Jは調理場（炒め物）と調理場（揚げ物）が可能である．
  (1) A, B, C, D, Eが勤務した場合，店を営業することは可能であるか？
  (2) F, G, H, I, Jが勤務した場合，店を営業することは可能であるか？

3.8 ある高校のあるクラスでクラス委員長が選出された．さらにA, B, C, Dの4人がクラス委員に選出された．クラス委員は，会計・広報・企画・総務のうちのどれか1つを担当するが，任命権は委員長にある．選挙後，「誰がどの担当になるか」について次のような噂が流れた：
  (イ) A君は会計か広報である．
  (ロ) 会計はB君かC君である．
  (ハ) B君は広報か企画である．

委員長はこれらの噂がすべて外れるような役割分担をしようと考えた．委員長の目論見は可能であるか？

3.9 図3.17のグラフの太線はマッチングを表している．これは最大マッチングであるか？そうでない場合は，最大マッチングを見つけなさい．

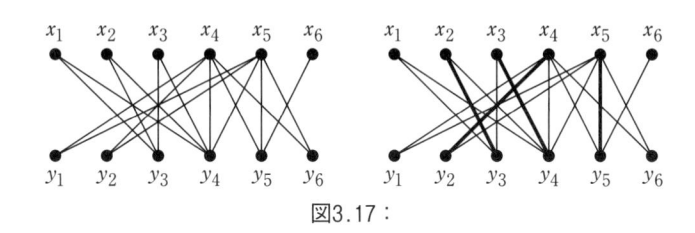

図3.17：

3.5 練習問題の解答とコメント

3.1 車輪グラフの定義は練習問題2.2にある．W_nで$n=2k$（偶数）の場合は，車輪$C_{n-1}=C_{2k-1}$から$k-1$本の辺を一つおきに選び，選ばれなかった2辺で隣接しているものの共通頂点と中心点K_1を結ぶ1辺を選ぶと，k本の完全マッチングが得られる．

$n=2k+1$（奇数）の場合は完全マッチングは存在しない．最大マッチングはk本で，中心点を飽和するものとしないものとで，本質的に2種類ある．

3.2 nが偶数の場合に完全マッチングをもち，奇数の場合はもたない．

3.3 (1) 図3.18のようになる．

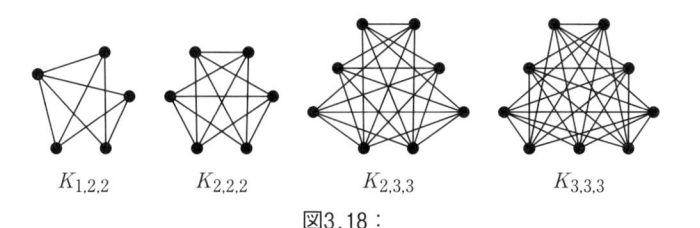

$K_{1,2,2}$　　$K_{2,2,2}$　　$K_{2,3,3}$　　$K_{3,3,3}$

図3.18：

(2) X_1 と X_2 とで構成される部分グラフは完全2部グラフであり，同様に X_2 と X_3 で構成される部分グラフも，X_3 と X_1 で構成される部分グラフも完全2部グラフである．この他に辺は存在しないので，完全2部グラフの性質より，$K_{r,s,t}$ の辺数は $rs+st+tr$ である．

(3) 問3.1(1)より，完全マッチングをもつためには頂点数が偶数でなければならないから，$3n=2k$ とおける．2と3は互いに素だから，n は偶数でなければならない．一方，n が偶数の場合は，完全マッチングは簡単に見つかる．実際，$K_{2,2,2}$ について構成し，一般化するとよい．（詳細略）

3.4 2-正則グラフはいくつかのサイクルの和である．サイクルのマッチングについては，問3.1(2)を参照せよ．

3.5 3つの蝿叩きをつなげる中央の頂点を飽和点とするためには，この頂点に接続する3本の辺のうちの1本だけがマッチングの要素として必要となり，残りの2本は不必要となる．この状態では完全マッチングを作れない．最大マッチングは図3.19がある．

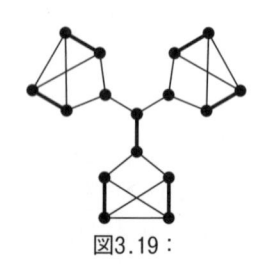

図3.19：

3.6 (a) 完全マッチングの総数は，互いに隣接しない n 本の辺の選び方に等しい．$K_{n,n}$ の2分割を $X=\{x_1,x_2,x_3,\cdots,x_n\}$, $Y=\{y_1,y_2,y_3,\cdots,y_n\}$ とする．x_1 を飽和点とするマッチングの要素 $e_1=x_1y$ の選び方は $y \in Y$ の n 通りである．その各々の $e_1=x_1y_{i1}$ について，x_2 を飽和点とするマッチングの要素 $e_2=x_2y$ の選び方は $y \in Y-\{y_{i1}\}$ の $n-1$ 通りである．以下，同じように考えて $x_3,\cdots,x_n$ を飽和点とするようなマッチングの要素 $e_3,\cdots,e_n$ の選び方を数えていくと，求める完全マッチングの総数は $n!$ となる．

(b) K_{2n} の完全マッチングの総数も互いに隣接しない n 本の辺 $\{e_1, e_2, \cdots, e_n\}$ の選び方に等しい。各辺 e_i を選ぶことは $2n$ 個の頂点から 2 頂点を選ぶことに相当する。e_1 の選び方は ${}_{2n}C_2$ 通り，e_2 の選び方は ${}_{2n-2}C_2$ 通り，$\cdots$，e_n の選び方は ${}_2C_2$ 通りである。重複を考慮すれば，求めるマッチングの総数は次のようになる：

$$ {}_{2n}C_2 \times {}_{2n-2}C_2 \times \cdots \times {}_2C_2 \times \frac{1}{n!} = \frac{(2n)!}{2^n n!} $$

3.7 ホール係は 2 人必要であることから，2 つの頂点で表し，ホールが可能である人間はそれら 2 つの頂点と結ぶことにすれば，従来のマッチングの問題に帰着できる。図3.20のような 2 部グラフを得る。

(1) 可能である。図3.20(i)のグラフで完全マッチングが存在する。例えば，A はレジ，B と E がホール，C が調理場（揚げ物），D が調理場（炒め物）を担当すればよい。

(2) 不可能である。$S = \{H, I, J\}$ とすると，$N(S) = \{$調理場（炒め物），調理場（揚げ物）$\}$ となり，定理3.2から完全マッチングは存在しないことがわかる。

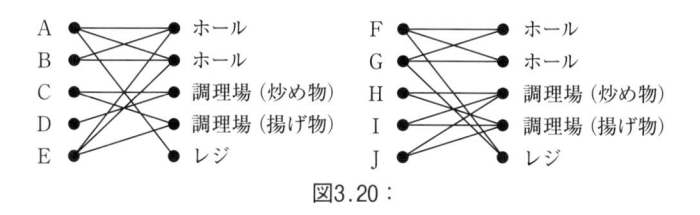

図3.20:

3.8 $X = \{A, B, C, D\}$，$Y = \{$会計，広報，企画，総務$\}$ として，$X \cup Y$ を 2 分割とする 2 部グラフを考え，噂の通りに結ぶと図3.21(i)のグラフを得る。そこで同じ頂点集合で，(i)では隣接していない頂点どうしを隣接させて図3.21(ii)の 2 部グラフを得る。委員長の目論見はこの(ii)のグラフに完全マッチングを見出せると成功する。簡単に見つかるので探してください。

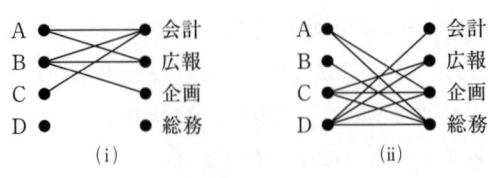

```
    A ●       ● 会計        A ●       ● 会計
    B ●       ● 広報        B ●       ● 広報
    C ●       ● 企画        C ●       ● 企画
    D ●       ● 総務        D ●       ● 総務
         (i)                      (ii)
```

図3.21：

3.9 図3.17のマッチング M は，最大マッチングではない．次に，アルゴリズムを使って考える．ステップ1のマッチングを M とし，ステップ2で $S=x_1$ とし，アルゴリズムを適用すると，$S=\{x_1,x_2,x_3\}$, $T=\{y_2,y_4\}$ となり，$N(S)=T$ である．したがって，$|N(S)|<|S|$ であるので，完全マッチングは存在しなことがわかる．しかし，ここで M が最大マッチングとは結論づけられない．アルゴリズムのステップ2において，S の選び方は M-非飽和の頂点なら，どの頂点を選んでもよい．今回，x_1 以外の頂点 x_6 も候補となる．そこで，$S=\{x_6\}$ とし，アルゴリズムを適用すると，$x_6y_5x_5y_6$ という M-増大道がみつかり，図3.22のようなマッチングを得る．これは最大マッチングであることがわかる．再び，このマッチングに対してアルゴリズムを適用すると，$S=\{x_1\}$ のみを考えることになり，増大道は見つからないからである．なお，今回の場合は，完全マッチングが存在しないので，その事実からもわかる．

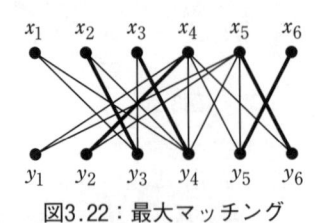

図3.22：最大マッチング

第4章

ハミルトンサイクル

グラフのすべての辺を一度ずつ通る開小径や閉小径を考えるのが一筆がきの問題でした．今度は，すべての頂点を一度ずつ通る道やサイクルを考えてみます．このようなサイクルも応用が広く，グラフ理論では中心的な課題の一つです．

4.1 ハミルトンサイクルとハミルトン道

まず，2つの問題を考えてみましょう．

問題4.1 図4.1の盤があり，左上におはじきがある．隣り合うマスに移動していき，すべてのマスを一度だけ通り，もとのマスに戻ってくることは可能であるか？

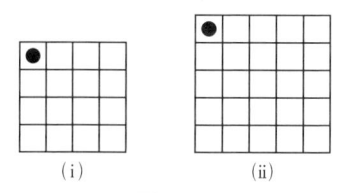

図4.1:

(i)にはそのような経路が存在する．例えば，図4.2(i)のようなものがある．(ii)は，チェッカーボード彩色を行うと，白のマスが13個と黒のマスが12個にな

る．隣り合うマスを移動するとき，白の次は黒，黒の次は白というように，白黒交互に進むことになるので，もとに戻ってくるためには白マスと黒マスは同数必要である．したがって，(ii)では不可能である．

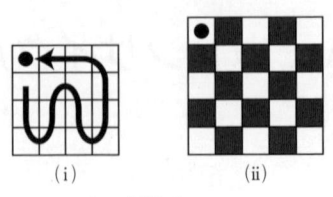

図4.2:

問題4.2 図4.3は，世界の航空路線図である．東京から出発して，図にあるすべての都市を一度だけ通り，東京に戻ってくることは可能か？

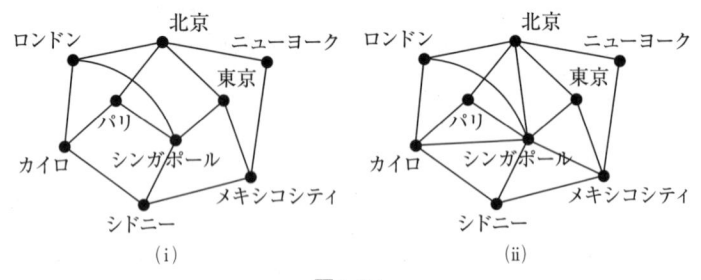

図4.3:

(i)のグラフは2部グラフであることがわかり，白の頂点が4個，黒の頂点が5個ある．2部グラフに含まれるサイクルの長さはすべて偶数であるから（第3章の定理3.1），そのような経路は存在しないことがわかる．

(ii)のグラフは2部グラフではないが，(i)と同様に頂点に彩色して考察すると，黒の頂点は白の頂点としか隣接していないことがわかる．したがって，黒頂点の次は白頂点へ移動しなければならない．しかし，黒頂点の方が白頂点より多いので，そのような経路は存在しないことがわかる．

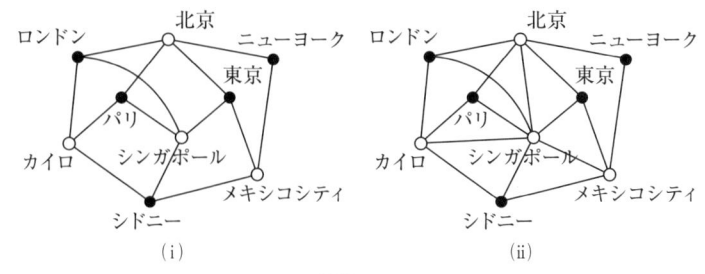

図4.4：

これらの問題のように，グラフのすべての頂点を通るサイクルが問題となることが多々あります．そこで，次の言葉を導入し，その存在の問題を考察します．

グラフ $G=(V, E)$ において，そのすべての頂点を通る道を**ハミルトン道**（Hamilton path）という．また，すべての頂点を含むサイクルを**ハミルトンサイクル**（Hamilton cycle）という．ハミルトンサイクルを含むならば，ハミルトン道を含むことは直ちにわかる．ハミルトンサイクルを含むグラフを**ハミルトングラフ**（Hamiltonian graph）とよぶ．ハミルトン道（ハミルトンサイクル）をもつグラフは連結である（なぜか？）．

道 P_n はグラフとしてハミルトン道であり，サイクル C_n はグラフとしてハミルトンサイクルです．完全グラフ $K_n(n\geq 3)$ は明らかにハミルトングラフです．ハミルトン道をもつグラフは P_n にいくつかの辺を追加したグラフであり，ハミルトンサイクルをもつグラフは C_n にいくつかの辺を追加したグラフです．1頂点のグラフ以外では，ループの存在はハミルトンサイクルの存在に関係しません．また，平行辺がハミルトンサイクルの存在に関与するのは，2頂点グラフが平行辺をもつ場合だけであることがわかります．そこで，以下では，頂点数が3以上の単純グラフのみを考察することにします．

練習問題

4.1 完全2部グラフ $K_{n,n}$, $n\geq 2$, はハミルトングラフであることを証明せよ．

4.2 図4.5のグラフ G_1 はハミルトングラフであることを示せ．グラフ G_2 はハミルトン道はもつがハミルトンサイクルはもたないことを証明せよ．

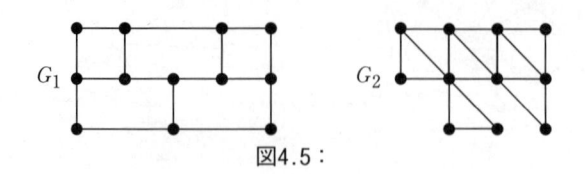

図4.5：

4.3(1) $G=(V, E)$ を2分割 $V=X\cup Y$ をもつ2部グラフとする．G がハミルトンサイクルをもつならば，$|X|=|Y|$ であることを証明せよ．

(2) 図4.6のグラフはハミルトンサイクルをもたないことを示しなさい．

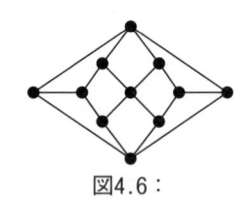

図4.6：

4.4 車輪グラフ W_n はすべての $n\geq 4$ について，ハミルトングラフであることを証明せよ．

4.5 ハミルトングラフ $G=(V, E)$ には切断頂点（この頂点を取り除くとグラフが非連結になる）がないことを証明せよ．

4.6 $G=(V, E)$ をハミルトングラフとし，$S\subset V$ を空でない真部分集合とすると，次が成り立つことを証明せよ：

$$\omega(G-S)\leq |S|.$$

（参考）この命題は，先ほどの図4.3のグラフがハミルトングラフではないことの説明を形式的に書いたものになっている．すなわち，図4.3のグラフがハミルトンサイクルをもたないことは，図4.4の白頂点を S とすると，上の不等式を満たさないこ

とからわかる．

次も同様にして証明される：$G=(V, E)$ をハミルトン道をもつグラフとする．任意の空でない真部分集合 $S\subset V$ について，次が成り立つ：

$\omega(G-S)\leq |S|+1$.

4.7 図4.7に示すグラフについて，(i)，(ii)はハミルトンサイクルをもつことを示し，(iii)，(iv)はもたないことを示せ．また，(iii)はハミルトン道をもつこと，(iv)はハミルトン道ももたないことを示せ．

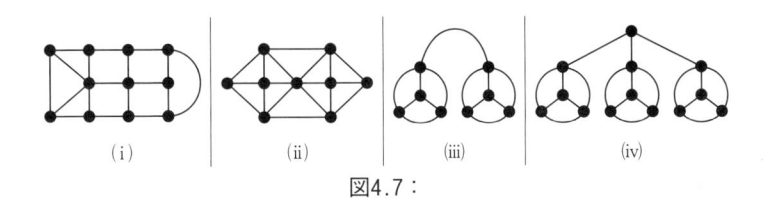

図4.7：

4.2 ハミルトンサイクルの存在定理

グラフがハミルトンサイクルをもつか否かの判定は，一般的には難しいことが知られています．もちろん，頂点数 n は有限であるので $n!$ 通りの経路すべてを調べれば，ハミルトンサイクルの存在の判定は可能ではあります．しかし，一筆がきのオイラー回路のように頂点の次数だけを調べればよいというような簡単な判定法は知られていません．実際，C_n も K_n もハミルトングラフなのです．このような背景のもとで，ハミルトンサイクルが存在するための十分条件を探ってみましょう．議論を単純にするために，言葉を導入します．

単純グラフ $G=(V, E)$，$|V|\geq 3$ が**極大非ハミルトングラフ**（maximal non-Hamiltonian）であるとは，G はハミルトングラフではなく，かつ任意の隣接していない2頂点 $u, v\in V$ について，G に辺 uv を追加したグラフ $G+uv$（第1章1.7.(5)を参照）がハミルトングラフとなる場合をいう．

単純グラフにおいて，隣接していない2頂点を辺で結ぶ作業を繰り返していくと，いずれ完全グラフに到達します．完全グラフはハミルトングラフですから，非ハミルトングラフに隣接していない2頂点を結ぶ作業を続けていくと，いずれ極大非ハミルトングラフに到達します．しかも，この作業の過程で，各頂点の次数は増加することがあっても，減少することはないことに注意します．

定理4.1（Oreの定理） $G=(V, E)$ を頂点数 $|V|\geq 3$ なる単純グラフとする．任意の2頂点 $u, v \in V$ について，
$$deg(u)+deg(v) \geq |V|$$
が成り立つならば，G はハミルトンサイクルをもつ．

証明． 背理法で証明する．条件をみたすグラフでハミルトンサイクルをもたないものが存在したと仮定し，そのグラフを G とする．G に辺を加えても不等式 $deg(u)+deg(v) \geq |V|$ を満たすので，G は極大非ハミルトングラフであると仮定してよい．G は完全グラフではないので，G には隣接していない2頂点 u, v が存在する．辺 uv を G に加える；$G+uv$．$G+uv$ はハミルトンサイクルをもつので，G には u を始点とし，v を終点とするハミルトン道が存在する；このハミルトン道を $P=v_1v_2v_3\cdots v_n;n=|V|$ とする．そこで2つの頂点の集合 U, W を次のように決める：

$U=\{v_i \in V | v_1 \text{ は } v_{i+1} \text{ と隣接している}\}$,

$W=\{v_i \in V | v_i \text{ は } v_n \text{ と隣接している}\}$.

このとき，$v_n \notin U\cup W$ だから，$|U\cup W|<|V|$ である．また，$|U|=deg(u)$，$|W|=deg(v)$ も容易に確かめられる．

いま，$v_k \in U \cap W$ とすると，

$$v_1v_2 \cdots v_kv_{nv-1} \cdots v_{k+1}v_1$$

は G のハミルトンサイクルである．（図4.5では，$U=\{v_2, v_5, v_6, v_7\}$, $W=\{v_3, v_4, v_5, v_6, v_7\}$ であり，$v_5 \in U\cap W$ とすると，ハミルトンサイクル $v_1v_2v_3v_4v_5v_9v_8v_7v_6v_1$ が見つかる．）

図4.8:

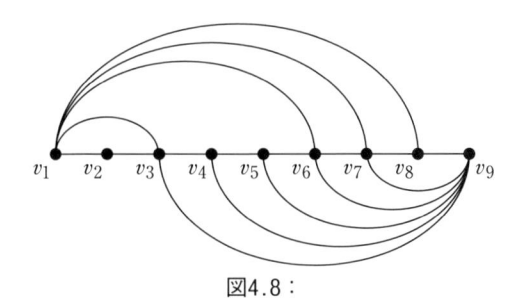

　これは，G がハミルトンサイクルをもたないという仮定に反するから，$U \cap W = \emptyset$ である．したがって，$|U \cup W| = |U| + |W|$ が成り立つ．ところで上に示した等式から次を得る：
$$deg(u) + deg(v) = |U| + |W| = |U \cup W| < |V|$$
これは条件 $deg(u) + deg(v) \geq |V|$ に矛盾する．□

定理4.2（Diracの定理） $G = (V, E)$ を $|V| \geq 3$ なる単純グラフとする．各頂点 $v \in V$ について，$deg(v) \geq \dfrac{|V|}{2}$ ならば，G はハミルトンサイクルをもつ．

証明． 各頂点 $v \in V$ の次数が $\dfrac{|V|}{2}$ 以上であるから，任意の2頂点 $u, v \in V$ について，$deg(u) + deg(v) \geq |V|$ が成り立つ．定理4.1より，G はハミルトンサイクルをもつ．□

定理4.3 $G = (V, E)$ を単純グラフとする．また，2頂点 $u, v \in V$ で，
$$uv \notin E,\ deg(u) + deg(v) \geq |V|$$
をみたすものが存在するとする．このとき，次が成り立つ：

　G がハミルトングラフである．$\iff$ $G + uv$ がハミルトングラフである．

証明． ($\Longrightarrow$) は自明である．実際，$G + uv$ の頂点集合は G の頂点集合 V と同じである．

(⟸) $G+uv$ がハミルトングラフとする．G がハミルトングラフでないとする．$G+uv$ がハミルトンサイクルをもつので G は u と v を端点とするハミルトン道をもち，定理4.1の証明と同じようにして，不等式 $deg(u)+deg(v)$ $<|V|$ を得る．ところが条件 $deg(u)+deg(v)\geq|V|$ に反する．よって，G もハミルトングラフである．□

この定理から，次の新しい概念が導かれる：

$G=(V, E)$ を単純グラフとする．隣接していない2頂点 $u_1, v_1 \in V$ があって，$deg(u_1)+deg(v_1)\geq|V|$ をみたすとき，u_1 と v_1 を結び，新しいグラフ G_1 $=G+u_1v_1$ をつくる．もし，G_1 において隣接していない2頂点 u_2, v_2 があって，$deg(u_2)+deg(v_2)\geq|V|$ をみたすとき，u_2 と v_2 を結んで新しいグラフ G_2 $=G_1+u_2v_2$ をつくる．隣接していない2頂点でそれらの次数の和が $|V|$ 以上となる対がある限り，この操作を反復していく．最後に，得られたグラフを $c(G)$ で表し，G の**閉包**（closure）とよぶ．

例4.1 次の図4.9の左上のグラフ G に上の操作を施してみる．白い2頂点の次数の和が頂点数7以上になっている．G_6 はすべての頂点の次数が4以上であるので，隣接していないどの2頂点も辺で結ぶことになり，$G_{10}=K_7$ となる．

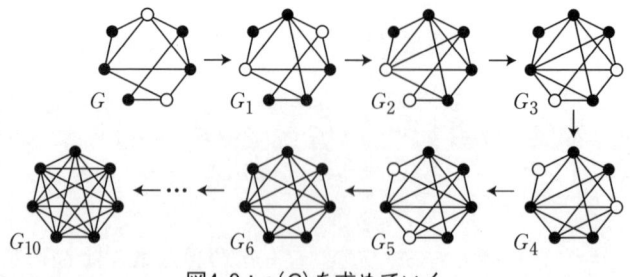

図4.9：$c(G)$ を求めていく

例4.2 図4.10のグラフ G では，隣接していない2頂点でそれらの次数の和が頂点数以上となる対が存在しないので，$c(G)=G$ である．このグラフがハミルトンサイクルをもたないことは，ハミルトンサイクルでは次数2の頂点に接続している辺（図4.10右の太線）を通らないといけないことからわかる．

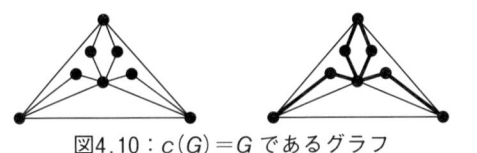

図4.10：$c(G)=G$ であるグラフ

ところで，例4.1を注意深く見ると，隣接していない2頂点でそれらの次数の和が頂点数以上になる対は，各段階で一意的には決まるとは限らないことがわかります．2頂点の選び方に依らずに G の閉包 $c(G)$ が一意的に定まることの証明を与えておきます．

定理4.4 単純グラフ $G=(V, E)$ に対して，その閉包 $c(G)$ は一意的に定まる．

証明． $G=G_0 \to G_1 \to G_2 \to \cdots \to G_k ; G=H_0 \to H_1 \to H_2 \to \cdots \to H_h$ を G の閉包に到る2つのルートとする；すなわち，隣接していない2頂点でそれらの次数の和が頂点数以上となるものどうしを順次結んで得られるグラフの列で，G_k と H_h はこの列の終点とする．$e_1=u_1v_1, e_2=u_2v_2, \cdots, e_k=u_kv_k ; f_1=x_1y_1, f_2=x_2y_2, \cdots, f_h=x_hy_h$ を，それぞれ，$G_0, G_1, \cdots, G_{k-1}, H_0, H_1, \cdots, H_{h-1}$ に付加した辺とする．$\{e_1, e_2, \cdots, e_k\}=\{f_1, f_2, \cdots, f_h\}$ を証明すれば十分である．

$\{e_1, e_2, \cdots, e_k\} \neq \{f_1, f_2, e_2, \cdots, f_h\}$ とし，e_{j+1} を列 $e_1, \cdots, e_k$ のなかで H_h には現れない最初の辺とする．すると，次が成り立っていることがわかる：

$$deg_{G_j}(u_{j+1}) + deg_{G_j}(v_{j+1}) \geq |V|$$

e_{j+1} の選び方から，G_j は H_h の部分グラフでもあるから，次が成り立つ：

$$deg_{H_h}(u_{j+1}) + deg_{H_h}(v_{j+1}) \geq |V|.$$

これは，H_h においては u_{j+1} と v_{j+1} が隣接していないという仮定に反する．したがって，辺 $e_1, e_2, \cdots, e_k$ はすべて H_h に属する．同様にして，辺 $f_1, f_2, \cdots, f_h$ はすべて G_k に属することも示される．したがって，$G_k = H_h = c(G)$ であり，閉包は一意的に定まる．□

閉包 $c(G)$ の重要性は次の定理でわかります．

定理4.5 単純グラフ G がハミルトングラフであるための必要十分条件は，その閉包 $c(G)$ がハミルトングラフとなることである．

証明．（$\Longrightarrow$）G はその閉包 $c(G)$ の部分グラフだから，G がハミルトングラフならば，その閉包 $c(G)$ も当然ハミルトングラフである．
（$\Longleftarrow$）閉包 $c(G)$ がハミルトングラフであるとする．
$$G = G_0, G_1, G_2, \cdots, G_{k-1}, G_k = c(G)$$
を閉包の定義にしたがって，G から順次得られるグラフの列とすると，定理4.3より，G_k がハミルトングラフだから，G_{k-1} もハミルトングラフであり，同様に $G_{k-2}, \cdots, G_1, G_0 = G$ がハミルトングラフであることが順次結論される．□

系4.6 $G = (V, E)$ を単純グラフとし，$|V| \geq 3$ とする．閉包 $c(G)$ が完全グラフならば，G はハミルトングラフである．□

練習問題

4.8 頂点数4，5，6の各々の場合について，極大非ハミルトングラフの例を求めよ．

4.9 図4.11の2つのグラフ G_1, G_2 について，それらの閉包を求めよ．また，それぞれについて，ハミルトングラフであるか否かを判定せよ．

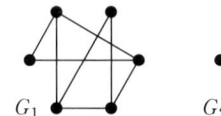

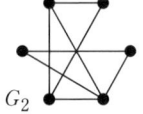

図4.11：ハミルトンサイクルをもつか

4.10 G はハミルトングラフであるが，$c(G)$ が完全グラフではないグラフの例を挙げなさい．すなわち，系4.6の逆が成立しない．

4.11 任意の $n \geq 1$ について，完全3部グラフ $K_{n,2n,3n}$ はハミルトングラフであることを証明せよ．また，完全3部グラフ $K_{n,2n,3n+1}$ はハミルトングラフではないことを証明せよ．

4.12 $n \geq 4$ 人の客で夕食会を開こうと思う．これらの客のどの2人を選んでも，2人が知り合いである客を合わせると残りの $n-2$ 人全員になるという．これら n 人の客が，両隣が知り合いであるように，円卓を囲むことができるか？

4.13 $G = (V, E)$ は k-正則グラフで，$|V| = 2k-1$ であるとする．G はハミルトングラフであることを証明せよ．

4.14 ハミルトングラフ $G = (V, E)$ において，2つのハミルトンサイクル C, C'' は次の場合に同じであると考える：C は C'' の巡回的回転であるか，あるいは C'' の逆向きの巡回的回転である．したがって，例えば4頂点グラフのハミルトンサイクル (1) $v_1v_2v_3v_4v_1$ について，(2) $v_2v_3v_4v_1v_2$, (3) $v_3v_4v_1v_2v_3$, (4) $v_4v_1v_2v_3v_4$ および逆向き (5) $v_1v_4v_3v_2v_1$, (6) $v_4v_3v_2v_1v_4$, (7) $v_3v_2v_1v_4v_3$ (8) $v_2v_1v_4v_3v_2$ を同じとみなすのである．（サイクルを円形に並べる順列とみると，数珠順列の場合分けに相当する．）

(1) 完全グラフ K_n は $\dfrac{(n-1)!}{2}$ 個の異なるハミルトンサイクルをもつことを証明せよ．

(2) 完全2部グラフ $K_{n,n}$ は異なるハミルトンサイクルをいくつもつか？

4.15 G を連結な偶数個の頂点をもつグラフとする．G がハミルトングラフならば，G は完全マッチングをもつことを示しなさい．

4.16 前問題の逆は成り立たないことを示しなさい．すなわち，G は連結な偶数個の頂点であり，G には完全マッチングが存在するが G にハミルトンサイクルが存在しないものを挙げなさい．

4.3 練習問題の解答とコメント

4.1 $K_{n,n}$ の頂点の次数はすべて n で頂点数は $2n$ であるから，$K_{n,n}$ は定理4.2の条件をみたす．

4.2 (Hint) 次数2の頂点に着目する．ハミルトンサイクルはすべての頂点を通過するから，次数2の頂点に接続する2辺は必ず通る．これらの2辺に色付けして，これを延長すると考えると，考察する場合分けの数がずいぶん少なくなる．解答は省略．

4.3 (1)ハミルトンサイクルが存在するならば，どの頂点からスタートしてもハミルトンサイクルが得られることに注意する．1頂点 $x_1 \in X$ からスタートしてハミルトンサイクルを構成すると，次の頂点は Y に属し，その次の頂点は X に属し，その次の頂点は Y に属し，と反復して，最後に Y の頂点から x_1 に戻るので，$|X|=|Y|$ である．(2)は，図4.6のグラフは2部グラフで白と黒の数が異なる．

4.4 練習問題2.2(2)の長さ n のサイクルがハミルトンサイクルである．

4.5 C を G のハミルトンサイクルとする．ハミルトンサイクルの定義より，すべての頂点は C 上にあり，したがって C の長さは $|V|$ であり，任意の頂点 $u \in V$ について，$G-u$ は長さ $n-2$ の道である．よって，任意の2頂点 v,

$w \in V(G-u) = V - \{u\}$ は道 $C-u$ 上で道で結ばれる。$C-u$ は $G-u$ の部分グラフであるから、v と w はもちろん $G-u$ でも道で結ばれる。よって、$G-u$ は連結である；つまり、u は切断頂点ではあり得ない。

4.6 これは、上の練習問題4.5の一般化である。C を G のハミルトンサイクルとすると、$C-S$ は高々 $|S|$ 個の道となる。$G-S$ の頂点はすべて $C-S$ 上にあり、同じ道にある頂点は $G-S$ の同じ連結成分に属するから、次を得る：
$$\omega(G-S) \leq \omega(C-S) \leq |S|$$

4.7 (i), (ii) のハミルトンサイクルの例と、(iii) のハミルトン道の例は図4.12に示す。いずれも、一意的ではないので、他にも探してください。

(iii), (iv) がハミルトンサイクルをもたないことは、いずれにも切断頂点があるからで、上の練習問題4.5から結論される。

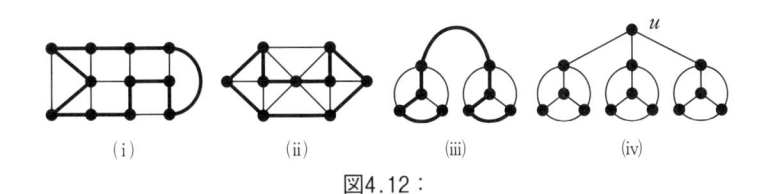

図4.12：

(iv) がハミルトン道をもたないことは練習問題4.6に付した（参考）を使えばただちに結論される。実際、中央の切断頂点を u とすると、$G-u$ は3つの連結成分となる。ハミルトン道があるとすれば、その道は u を一度だけ通過するので、これら3つの連結成分に渡る道は存在しない。

4.8 図4.13にそれぞれ1例を示す：

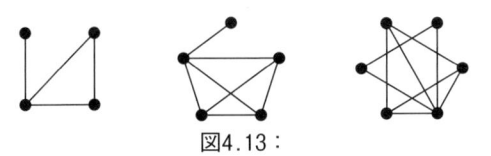

図4.13：

4.9 G_1 は図4.14のように閉包の操作を行うと、右のようなすべての頂点の次数も3以上であるグラフが得られる。したがって、$c(G_1) = K_6$ である。

したがって，系4.6より G_1 はハミルトングラフである．

G_2 は切断頂点をもつからハミルトングラフではない．

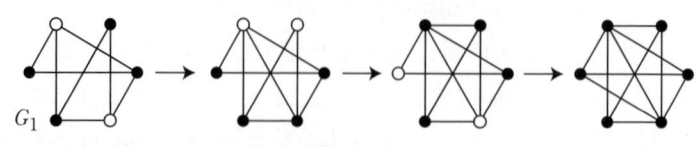

図4.14:

4.10 図4.15のようなグラフはハミルトングラフであるが，閉包が完全グラフにならない．

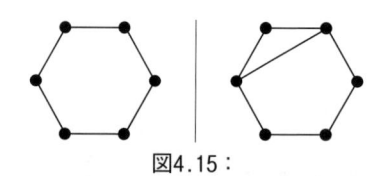

図4.15:

4.11 $K_{n,2n,3n}$ の3分割を $X_1\cup X_2\cup X_3$, $|X_1|=n$, $|X_2|=2n$, $|X_3|=3n$, とする．$K_{n,2n,3n}$ から，X_1 の頂点と X_2 の頂点を結ぶ辺をすべて取り除いたグラフを H とすると，H は $K_{n,2n,3n}$ の全域部分グラフで，2分割 $Y_1=X_1\cup X_2$, $Y_2=X_3$ をもつ完全2部グラフ $K_{3n,3n}$ となる．上の練習問題4.1より，H はハミルトンサイクルをもつが，このハミルトンサイクルは $K_{n,2n,3n}$ のハミルトンサイクルでもある．この見方を行うとハミルトンサイクルがどのようなところに存在するかわかる．また，どの $K_{n,2n,3n}$ の頂点の次数も $3n$ 以上であるので定理4.2よりハミルトングラフであることがわかる．

$K_{n,2n,3n+1}$ の3分割を $X_1\cup X_2\cup X_3$, $|X_1|=n$, $|X_2|=2n$, $|X_3|=3n+1$, とする．$K_{n,2n,3n+1}$ にハミルトンサイクル C があるとする．C に沿ってたどると，各頂点 $w\in X_3$ において，$X_1\cup X_2$ の頂点から来て $X_1\cup X_2$ の頂点に進むことになる．一方，C は $X_1\cup X_2$ の各頂点においても一度通過するだけである．$|X_1\cup X_2|=3n<3n+1=|X_3|$ だから，C の存在は不可能である．

4.12 n 人の客を頂点とし，知り合いどうしを隣接させてグラフ $G=(V,$

E) をつくる．$c(G)=K_n$ であることを示す．隣接していない 2 頂点 $u, v \in V$ があったとすると，任意の $w \in V-\{u, v\}$ について，条件 $N(\{u, v\}) \supset V-\{u, v\}$ より，w は u, v の少なくとも一方とは隣接している．$uw \in E$ とし，$vw \notin E$ とすると，$v \notin N(\{u, w\})$ となり，$N(\{u, w\}) \supset V-\{u, w\}$ に反する．よって，$vw \in E$ である；つまり，$N(u) = N(v) = V-\{u, v\}$ である．したがって，$deg(u) + deg(v) = (n-2) + (n-2) = 2n-4$ が成立する．$n \geq 4$ では $(2n-4) - n = n-4 \geq 0$ であるから，$deg(u) + deg(v) \geq n$ である．よって，任意の隣接していない 2 頂点は $c(G)$ において辺で結ばれる．系 4.6 より，G はハミルトンサイクルをもつ．

4.13 条件より，任意の 2 頂点 $u, v \in V$ について，$deg(u) + deg(v) = k+k = 2k > 2k-1 = |V|$ だから，定理 4.1 により，G はハミルトングラフである．

4.14(1) K_n の n 個の頂点から 1 頂点を選び，ここから出発するハミルトンサイクルを数える．選んだ頂点から次の頂点への行き方は $n-1$ 通り，その各々について，次の頂点への行き方は $n-2$ 通り，その各々についてさらに次の頂点への行き方は $n-3$ 通り，…，その各々について次の頂点への行き方は 2 通り，次の頂点への行き方は 1 通りとなって，最後に出発した頂点に戻る．ただし，この数え方だと各サイクルの逆向きサイクルも数えているので，ハミルトンサイクルの異なる総数は $\dfrac{(n-1)!}{2}$ である．

(2) $K_{n,n}$ の 2 分割を $X \cup Y$ とする．1 頂点を X から選び，この頂点から出発するハミルトンサイクルを数える．選んだ頂点から次の頂点への行き方は Y のどの頂点でもよいので $n = |Y|$ 通り，その各々について次の頂点への行き方は X の残りのどの頂点でもよいので $n-1$ 通り，その各々についてさらに次の頂点への行き方は Y の残りのどの頂点でもよいので $n-1$ 通り，その各々について次の頂点への行き方は X の残りのどの頂点でもよいので $n-2$ 通り，その各々について次の頂点への行き方は Y の残りのどの頂点でもよいので $n-2$ 通り，この操作を X と Y とで交互に繰り返して，最後に Y の残り 1 頂点に辿り着き，出発点に戻って完了する．ただし，この数え方だと各サイクルの逆向

きサイクルも数えているので，異なるハミルトンサイクルの総数は $\frac{n!(n-1)!}{2}$ である．

4.15 ハミルトンサイクルの辺に対し，マッチング M の辺とするしないを交互に決めていけば，完全マッチングが得られる．

4.16 例えば，図4.16が挙げられる．

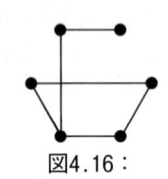

図4.16：

第5章

木

連結なグラフのなかで，サイクルを含まないものを木といいます．木の構造は比較的簡単で，グラフとしては特に面白いわけではありませんが，グラフ理論の中では一章を割くほど重要な役割を演じます．

5.1 木

サイクルを含まないグラフは，**非輪状**（acyclic）であるといわれる．

ループは長さ1のサイクルであり，平行な2辺は長さ2のサイクルを構成するので，非輪状グラフはすべて単純グラフです．

非輪状グラフで連結なものを**木**（tree）と呼ぶ．非輪状グラフを一般に**林**（forest）と呼ぶことがある．

例5.1 次の図5.1は頂点数が高々5のすべての木（の同型類）を示す．

図5.1：$1 \leq |V| \leq 5$である木

例5.2 次の図5.2は頂点数が6のすべての木（の同型類）を示す．

図5.2：$|V|=6$ である木

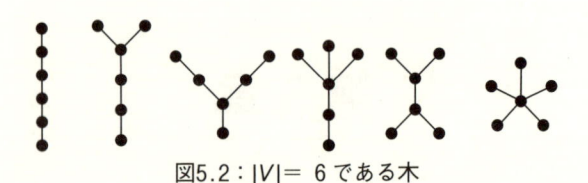

問5.1 7頂点の木（の同型類）をすべて挙げよ．全部で11個ある．

木は，当然予測されるように，平面的です．その証明は後回しにして，まず木を特徴付ける重要な性質を証明します．

定理5.1(1) 木 $T=(V,E)$ においては，任意の2頂点 $u,v\in V$ について，u-v 道はただ一通りである．

(2) $G=(V,E)$ をループをもたないグラフとする．任意の2頂点の対 $u,v\in V$ に対して，ただ一通りの u-v 道があるならば，G は木である．

証明．(1) 背理法で証明する．命題が成り立たないと仮定すると，ある2頂点 u,v が存在して，2つの異なる u-v 道が存在する；これらの道を
$$P=u_0u_1u_2\cdots u_mv,\ Q=v_0v_1v_2\cdots v_nv,\ u_0=u=v_0$$
とおく．P と Q は異なる道だから，Q 上の頂点で P 上にはないものが存在する；このような頂点で番号が一番小さいものを v_k とする．また，$x=u_{k-1}=v_{k-1}$ とする．

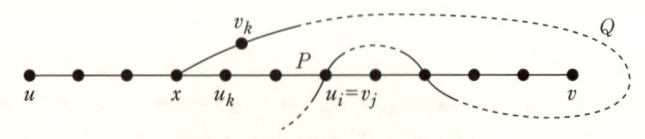

図5.3：道が2本以上あるとき

道 $P'=u_ku_{k+1}\cdots u_mv$ と道 $Q'=v_kv_{k+1}\cdots v_nv$ とは（頂点 v が共通だから）少なくとも1つの共通の頂点をもつ．共通の頂点のうちで P' 上でみて最初の頂点を $y=u_i=v_j$ とする（$y=v$ のこともある）．このとき，P 上の x から y までの

部分 P_0 と Q 上の y から x までの部分 Q_0 を合わせると T の中のサイクルを構成する．実際，P_0 と Q_0 の共通の頂点は x, y だけである．これは，T が木であることに反する．

(2) 仮定から，任意の2頂点 u, v の間に道が存在するので，G は連結である．したがって，G が非輪状であること，すなわちサイクルを含まないことを示せば十分である．仮定から，ループ（長さ1のサイクル）は含まない．長さ2以上のサイクル $C_n = v_0 v_1 v_2 \cdots v_{n-1} v_n, v_n = v_0$ があるならば，頂点 v_1 と $v_0 = v_n$ の間には2つの道 $v_1 v_2 \cdots v_n$ と $v_1 v_n$ ができるので，仮定から，長さ2以上のサイクルも存在しない．この結果，G が木であることが結論される．□

（注：）(2)は，(1)の逆はそのままでは成り立たず，当然の前提「ループをもたないグラフ」が必要になることを示しています．

定理5.2 $T = (V, E)$ を木とする．$|V| \geq 2$ ならば，T には少なくとも2つの端頂点（次数が1の頂点）が存在する．

証明． 辺数 $|E|$ は有限であるから，T には一番長い道 P が存在する（1つとは限らない）．仮定から，P の長さは1以上であり，$P = v_0 v_1 v_2 \cdots v_n, n \geq 1$，とする．$deg(v_0) = deg(v_n) = 1$ であることを背理法で証明する．

木は連結で，孤立頂点はないから，$deg(v_0) \neq 0 \neq deg(v_n)$ である．$deg(v_0) \geq 2, deg(v_n) \geq 2$ と仮定する．

v_0 に接続する辺で，$v_0 v_1$ 以外のものを $v_0 w$ とする．w が道 P 上にあるならば，サイクルができてしまう．w が P 上にないならば，P より長い道 $w v_0 v_1 \cdots v_n$ が得られ，P の最長性に反する．v_n についても同様である．□

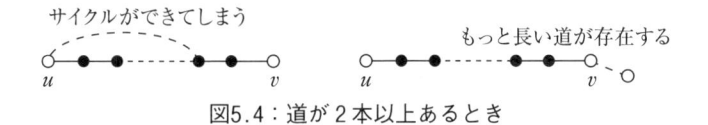

図5.4：道が2本以上あるとき

この定理の証明は，木のなかの最長の道の両端点の次数は1であることを示しています．（ただし，最長の道は必ずしも一意的ではありません．）もちろん，

次数1の頂点は最長の道の端点であるとは限りません．図5.1, 図5.2で確認してみてください．

定理5.3 グラフ $G=(V, E)$ において，すべての頂点 $v \in V$ について $deg(v) \geq 2$ ならば，G はサイクルを含む．

証明． ループがある場合は明らかである．任意に1頂点 v_0 を選び，v_0 に接続する1辺 e_1 を選ぶ．$e_1 = v_0 v_1$ とすると，$deg(v_1) \geq 2$ であるから，v_1 に接続する辺 $e_2 \neq e_1$ がある．$e_2 = v_1 v_2$ とすると，$deg(v_2) \geq 2$ であるから，v_2 に接続する辺 $e_3 \neq e_2$ がある．この操作を反復すると，頂点数は有限だから，いつか既に通ったことのある頂点に戻ってくる．すると，サイクルができる．□

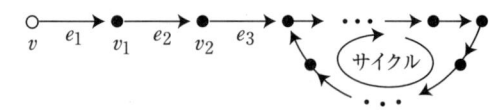

図5.5：サイクルができる

定理5.4 $T=(V, E)$ を木とすると，$|V|=|E|+1$ である．

証明． 頂点数に関する数学的帰納法で証明する．

（帰納法の基礎）$|V|=1$ のとき，1頂点の木は辺をもたないので，$|E|=0$ であり，定理は正しい．

（帰納法の仮定）$|V| \leq n-1$, $n \geq 2$ なる木について定理が正しいと仮定する．

$|V|=n$ なる木 $T=(V, E)$ について定理が正しいことを証明する．定理5.2より，T には次数1の頂点が存在する．その1つを w とし，w に接続する辺を e とする．T から w と e を取り除いて得られるグラフ $T-w = (V-\{w\}, E-\{e\})$ は木である．実際，$T-w$ は T の部分グラフであるから非輪状で，任意の2頂点 $u, v \in V-\{w\}$ について，定理5.1により，u-v 道 P が T にただ1つ存在するが，P は e, w を通らないので，P は $T-w$ の道でもある．

帰納法の仮定より，$n-1$ 頂点の木 $T-w$ については定理が成り立つ：

$|V|-1=|V-\{w\}|=|E-\{e\}|+1=|E|-1+1=|E|$

これを整理して，$|V|=|E|+1$ を得る．□

グラフ G において，次数 1 の頂点（端頂点）w とそれに接続する辺 e を G の葉（leaf）とか枝と呼ぶことがある．グラフ G からその葉を取り除いて得られるグラフ $G-w=(V-\{w\}, E-\{e\})$ は，いろいろな性質がもとのグラフ G と同じであり，頂点数または辺数に関する数学的帰納法などを用いる際などに威力を発揮する．1 頂点の木を除いて，木には常に葉があり，葉を一枚ずつ取り除いていくと 1 頂点 K_1 になるというのが定理 5.4 の証明の意味である．逆に，木は 1 点に葉を次々と付加していって得られ，葉はつなげる頂点の近くでかなり自由に付加できるので，この事実から，木が平面的グラフであることもわかる．

定理5.5 木は平面的である．（証明省略）

練習問題

5.1 完全 2 部グラフ $K_{1,n}$（n は自然数）は**星グラフ**（star graph）と呼ばれる．完全 2 部グラフが木となるのは，星グラフに限ることを示せ．

5.2 少なくとも 2 頂点をもつ木は 2 部グラフであることを示せ．

5.3 木が完全マッチングをもつならば，それは一意的であることを示せ．

5.4 $T=(V, E)$ を木とし，$u, v \in V$ を隣接していない頂点とする．T に u と v を結ぶ辺を加えて得られるグラフ $G=T+uv$ はサイクルをただ 1 つだけ含むことを証明せよ．

5.5 T を頂点数 n の木とし，$n \geq 4$ とする．v を T の最大次数の頂点の一つ

とする．以下を証明せよ．

(1) T が道であるための必要十分条件は，$deg(v)=2$ である．

(2) T が星グラフであるための必要十分条件は，$deg(v)=n-1$ である．

(3) $deg(v)=n-2$ ならば，頂点数が n でその最大次数が $n-2$ の木は T と同型である．

(4) $n \geq 6$ とし，$deg(v)=n-3$ ならば，このような木は（T を含めて）ちょうど3種類ある．

5.2 橋（切断辺）

グラフ $G=(V, E)$ からその1辺 $e=uv \in E$ を取り除いて得られるグラフを $G-e$ で表す（第1章1.8(3)を参照）．この際，e を除くだけで，その両端点 u, v は残すことに注意します．よって，$G-e=(V, E-\{e\})$ と書きます．

一般に，グラフから1辺を取り除くと，頂点集合はそのままだから，連結成分が減ることはなく，変化しないか増加します．しかし，増加しても高々1であるというのが次の定理です．

定理5.6 e をグラフ $G=(V, E)$ の辺とすると，次が成り立つ：
$$\omega(G) \leq \omega(G-e) \leq \omega(G)+1$$

証明． $e=uv$ とする．G の連結成分で e を含まないものはそのまま $G-e$ の連結成分であるから，e を含む連結成分について議論すれば十分である．したがって，G が連結の場合を考察すれば十分である．

$u=v$ のとき，e はループで，e を取り除いても連結成分数は変化しない．そこで，以下では $u \neq v$ とする．G が連結であるから，任意の頂点 $x \in V$ は u とも v とも道で結ぶことができる．x-u 道が v を通るときは x は u を通らずに v と道で結ぶことができる．したがって，x は $G-e$ において u または v のいずれかと道で結ぶことができる．よって，$G-e$ の連結成分は u を含む連結成分 $C(u)$ と v を含む連結成分 $C(v)$ となる．$C(u)=C(v)$ の場合は $\omega(G-e)=$

$\omega(G)$ であり，$C(u) \neq C(v)$ の場合は $\omega(G-e) = \omega(G)+1$ となる． □

グラフ $G=(V, E)$ の辺 $e \in E$ は，$\omega(G-e) = \omega(G)+1$ のとき，つまり，e を取り除くことによって連結成分が増えるとき，**橋**（bridge）とか**切断辺**（cut edge）と呼ばれる．

例5.3 図5.6は，2つの橋をもつグラフである．

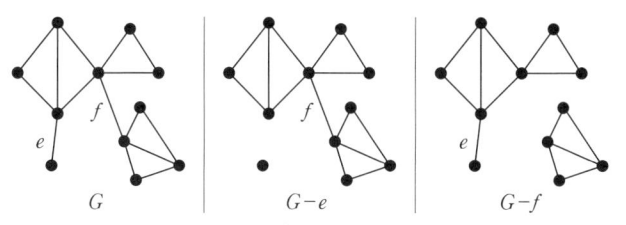

図5.6：2つの橋 e, f をもつグラフ

次は，橋を特徴付ける定理です．

定理5.7 グラフ $G=(V, E)$ の辺 e が橋であるための必要十分条件は，G には e を含むサイクルが存在しないことである．

証明．それぞれの対偶を証明する．対偶は次のようになる．

定理5.7′ グラフ $G=(V, E)$ の辺 e が橋でないための必要十分条件は，G には e を含むサイクルが存在することである．

証明．（⟹）$e=uv$ とし，e を含む G の連結成分を H とする．e が橋でないから，$H-e$ は連結である．したがって，$H-e$ に u-v 道 $P = uu_1u_2 \cdots v$ が存在する．$Peu = uu_1u_2 \cdots veu$ は H の，したがって，G のサイクルである．
（⟸）e があるサイクル $C = u_0u_1 \cdots u_mu_0$ の辺であるとし，$e = u_iu_{i+1}$ とす

る. $m=0$ の場合は e はループであり, $m=1$ の場合は e は平行辺の1つであるから, いずれの場合も e は橋ではない. $m\geq 2$ の場合, $P=u_i u_{i-1} \cdots u_0 u_m u_{m-1} \cdots u_{i+1}$ は $G-e$ における u_i-u_{i+1} 道である. したがって, u_i と u_{i+1} は $G-e$ の同じ連結成分に属する. また, G の任意の2頂点 x, y に対しても $G-e$ で道が存在する. なぜなら, x-y 道が e を通らない場合は $G-e$ においてもそのまま存在し, e を通る場合はサイクルの一方へ迂回すれば x-y 道(迂回することで歩道や小径になる場合があるが, 重複をうまく取り除けば道にできる)が存在することがわかる. よって, e は橋ではない. □

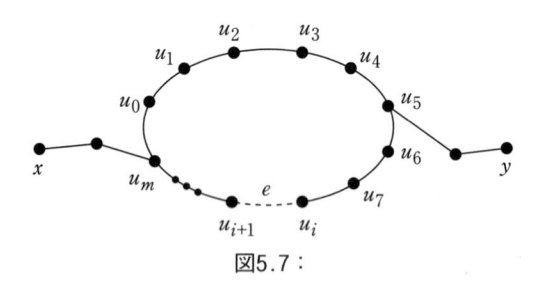

図5.7:

この結果, 橋によって木を特徴付けることができます.

定理5.8 $G=(V, E)$ を連結なグラフとする. G が木であるための必要十分条件は, すべての辺 $e \in E$ が橋であることである.

証明. ($\Longrightarrow$) G を木とすると, G はサイクルを含まないから, どの辺 $e \in E$ もサイクルに含まれない. したがって, 定理5.7によって, e は橋である.
($\Longleftarrow$) 定理5.7により, どの辺 $e \in E$ もサイクルには含まれないから, G にはサイクルが存在しない. 仮定から, G は連結であるから, G は木である. □

定理5.9 グラフ $G=(V, E)$ が連結ならば, $|V| \leq |E|+1$ である.

証明. 辺数 $|E|$ に関する数学的帰納法で証明する.

（帰納法の基礎）$|E|=0$ のとき，連結なグラフは 1 頂点の完全グラフ K_1 だけであるから，定理は成り立つ.

$|E|=1$ の連結グラフについては，辺がループのときは $|V|=1$，ループでないときは $|V|=2$ であるから，定理は成り立つ．（注：帰納法の基礎としては，$|E|=0$ の場合のみで十分で，$|E|=1$ の場合は不要である．）

（帰納法の仮定）$|E|\leq k-1$，$k\geq 2$ なる連結グラフについては定理が成り立つと仮定する.

$G=(V,E)$ を $|E|=k$ からなる連結グラフとする.

(1) G にサイクルが存在する場合：G のサイクルの 1 つを C とする．C がループの場合は，ループを e とすると，$G-e$ は連結で，$G-e$ の辺数は $k-1$ であるから，帰納法の仮定により，$|V|\leq(k-1)+1=k=|E|$ が成立する．したがって，G において，$|V|\leq|E|+1$ が成立する．C がループでない場合，C の辺を 1 つ選び，これを e とする．$G-e$ は連結で，辺数は $k-1$ であるから，帰納法の仮定より，$|V|\leq(k-1)+1=k=|E|$ が成立する．したがって，G において，$|V|\leq|E|+1$ が成立する．

(2) G にサイクルが存在しない場合：G は連結なので，木である．定理5.4により，$|V|=|E|+1$ であるから，この場合も定理が成立する． □

この定理から，頂点数が辺数より大きな連結グラフは木だけであることがわかります．また，$|V|>|E|+1$ なるグラフ $G=(V,E)$ は連結ではないこともわかります．

なお，一般に，次が示されます．

定理5.10 $G=(V,E)$ をグラフとすると，次が成り立つ：

$|V|\leq|E|+\omega(G)$

証明. $G_1=(V_1,E_1)$，$G_2=(V_2,E_2)$，$\cdots$，$G_\omega=(V_\omega,E_\omega)$ を G の連結成分と

すると，定理5.9から，
$$|V_i| \leq |E_i|+1 \ (i=1, 2, \cdots, \omega)$$
が成り立つ．ところで，
$$V=V_1\cup V_2\cup\cdots\cup V_\omega, \ V_i\cap V_j=\emptyset(i\neq j),$$
$$E=E_1\cup E_2\cup\cdots\cup E_\omega, \ E_i\cap E_j=\emptyset(i\neq j)$$
であるから，直ちに結論が得られる．□

ここで改めて木の特徴付けをまとめておきます：

定理5.11 $G=(V, E)$ をグラフとする．次の3つの主張は同値である：
(1) G は木である．
(2) G は非輪状グラフで，$|V|=|E|+1$.
(3) G は連結で，$|V|=|E|+1$.

証明． (1)⇒(2)⇒(3)⇒(1)を証明する．

(1)⇒(2)：G を木とすると，定義より G は非輪状で，定理5.4より $|V|=|E|+1$ である．

(2)⇒(3) G の各連結成分 G_i は木であるので，$|V_i|=|E_i|+1$ が成り立ち，$|V|=|E|+\omega(G)$ である．仮定より $\omega(G)=1$ となるので，G は連結である．

(3)⇒(1) 木の定義より，G が非輪状であることを示せば十分である．この事実を背理法で示す．G がサイクルを含むと仮定する．定理5.7′より，このサイクル上の辺は橋ではない．このサイクル上の1辺を選び，e とすると，$G-e$ は連結である．ところが，このグラフ $G-e$ の頂点数は $|V|$ で，辺数は $|V|-2$ であるから，定理5.9より，これは不可能である．この矛盾は，G がサイクルを含むと仮定したことから生じたものである．よって G は非輪状であり，木である．□

練習問題

5.6 Tを木とし，vをTの最大次数の頂点とする．$deg(v)=k$ならば，Tには少なくともk個の次数1の頂点があることを証明せよ．

5.7 $G=(V,E)$を非輪状グラフ（林）とし，$\omega(G)=k$とする．このとき，$|E|=|V|-k$であることを証明せよ．

5.8 同じ次数列をもつような，2つの同型ではない木を見つけよ．

5.9 ある木の次数列が$(5,4,3,2,1,\cdots,1)$であるという．この数列の1の個数を決定せよ．

5.10 ある木の頂点の次数の平均が1.99である．この木の辺数はいくつか？

5.11 Gが木で，その頂点の次数がすべて奇数ならば，Gの辺数は奇数であることを示せ．

5.12 $n+1$個の頂点をもつ木のうちで，次数1の頂点をちょうど2個だけもつものは，道P_nだけであることを証明せよ．

5.13 次の図5.8に示すグラフの橋をすべて挙げよ．

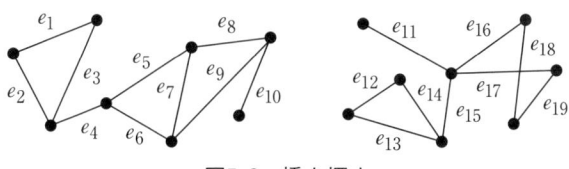

図5.8：橋を探す

5.14 $G=(V, E)$ を連結な単純グラフとする.
(1) $|E|=10$ のとき，$|V|$ の取り得る最大値はいくつか？
(2) $|V|=15$ のとき，$|E|$ の取り得る最小値はいくつか？

5.15 $G=(V, E)$ を単純グラフとし，$\omega(G)=3$, $|E|=16$ とする．$|V|$ の取り得る最大値はなにか？

5.16 グラフ $G=(V, E)$ が連結で，ただ1つのサイクルを含むとき，このサイクル上の1辺を取り除くと木になる．図5.9はこのようなグラフの例を示す．次を証明せよ：連結なグラフ $G=(V, E)$ がただ1つのサイクルを含むための必要十分条件は，$|V|=|E|$ である．

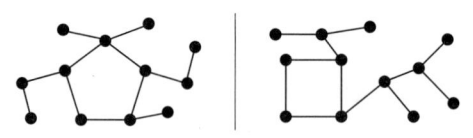

図5.9：サイクルをただ1つ含むグラフ

5.17 連結で，ちょうど3つのサイクルを含む7つの頂点をもつ単純グラフで辺の本数の異なるものを挙げなさい．

5.18 $T=(V, E)$ を木とし，$|E|\geq k\geq 2$ とする．T から k 本の辺を取り除いて得られるグラフの連結成分の個数はいくつか？

5.3 全域木

グラフ $G=(V, E)$ とその部分グラフ $H=(U, F)$ について，$U=V$ であるとき，H を G の**全域部分グラフ**といいました．つまり，全域部分グラフとは，もとのグラフからいくつかの辺を取り除いて得られるグラフです．

全域部分グラフが木のとき，これを特に**全域木** (spanning tree) という．

全域木はグラフの骨格の役割を果たします．

定理5.12 グラフ $G=(V,E)$ が連結である $\iff$ G の全域木が存在する.

証明. ($\implies$) 定理5.9より, $|E| \geq |V|-1$ が成り立つ. もし $|E|=|V|-1$ ならば, 定理5.11より G 自身が木であるから, $H=G$ が G の全域木である. $|E|>|V|-1$ ならば, 定理5.4より, G は木ではないから, G はサイクルを含む. そのようなサイクルの1辺を選び, e_1 とする. G の部分グラフ $H_1 = G-e_1$ は連結で, $|E(H_1)|=|E|-1, |V(H_1)|=|V|$ である. もし, $|E|-1=|V|-1$ ならば, 定理5.11より H_1 は木であるから, H_1 が求める全域木である.

もし, $|E|-1>|V|-1$ ならば, 上と同じ理由で H_1 は木ではないから, サイクルを含む. そのサイクルの1辺を選び, e_2 とする. G の部分グラフ $H_2=H_1-e_2=(G-e_1)-e_2$ は連結で, $|E(H_2)|=|E|-2, |V(H_2)|=|V|$ である. そこで H_2 に対して, H_1 に対すると同じ議論を反復する.

この議論を反復して $t=|E|-|V|+1$ 本の辺を取り除くと, G の部分グラフ H_t は $|E(H_t)|=|E|-(|E|-|V|+1)=|V|-1, |V(H_t)|=|V|$ である. 定理5.11より, H_t は木であり, V の元をすべて含むので G の全域木である.

($\impliedby$) G の全域木を T とする: $V=V(T)$ である. 任意の2頂点 $u,v \in V$ に対して, $u,v \in V(T)$ であり, 木の定義から u–v 道が T に存在する. この道は G の道でもある. これは G が連結であることを示す. □

例5.4 図5.10は, 連結グラフ G と G の一つの全域木を表している.

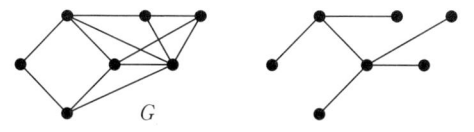

図5.10：連結グラフ G と G の一つの全域木

練習問題

5.19 図5.11(a), (b)に示したグラフについて, その全域木をすべて求めよ.

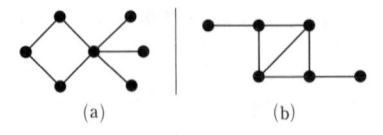

図5.11：

5.20 $G=(V, E)$ を連結なグラフで木ではないとする．C を G のサイクルとする．G の任意の全域木 $T=(V, F)$ について，$G-F$ は少なくとも1つの C の辺を含むことを証明せよ．

5.21 $G=(V, E)$ を連結グラフとする．次を証明せよ．
(1) $e \in E$ が橋である $\iff e$ は G のどの全域木にも含まれる．
(2) $e \in E$ がループである $\iff e$ は G のどの全域木にも含まれない．

5.22 $G=(V, E)$ をループをもたないグラフとする．G の全域木がただ1つならば，G そのものが木であることを証明せよ．

5.4 切断頂点

この章の最後に，辺に関する橋に対応して，頂点に関する類似の概念を導入します．

グラフ $G=(V, E)$ の頂点 v が**切断頂点** (cut vertex) であるとは，$\omega(G-v) > \omega(G)$ が成り立つ場合をいう．

つまり，頂点 v の削除によって連結成分が増える場合が切断頂点です．

例5.5 図5.12で，G_1 では，u_1, u_2, u_3, u_4 はそれぞれ切断頂点で，他の頂点は切断頂点ではない．実際，$\omega(G-u_1)=3>\omega(G)=1$, $\omega(G-u_2)=2>\omega(G)=1$, $\cdots$である．G_2 では，v_1, v_2, v_3, v_4, v_5 はそれぞれ切断頂点で，他の頂点は切断頂点ではない．実際，$\omega(G-v_1)=4>\omega(G)=1$, $\omega(G-v_2)=2>\omega(G)=1$, $\cdots$である．

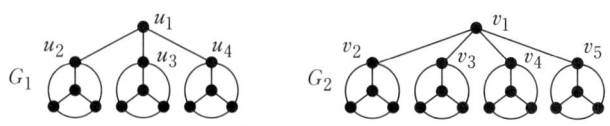

図5.12：切断頂点をもつグラフ

切断頂点は，道によって，次のように特徴付けられます：

定理5.13 $G=(V, E)$ を連結なグラフとする．頂点 $v \in V$ が切断頂点であるための必要十分条件は，2つの異なる頂点 $u, w \in V-\{v\}$ が存在して，G のすべての u-w 道は v を通ることである．

証明． ($\Longrightarrow$) v を切断頂点とすると，$G-v$ は少なくとも2つの連結成分からなる．u を $G-v$ の1つの連結成分から選び，w を $G-v$ の別の連結成分から選ぶ．すると，G における u-w 道は存在するが，$G-v$ には u-w 道は存在しない．これは，G における任意の u-w 道が v を通ることを意味する．

($\Longleftarrow$) 2つの頂点 $u, w \in V-\{v\}$ が存在して，G におけるすべての u-w 道が v を通るとする．このとき，$G-v$ においては u-w 道は存在しない．したがって，u と w は $G-v$ の異なる連結成分に属するので，$\omega(G-v) \geq 2 > 1 = \omega(G)$ となり，v は切断頂点である．□

完全グラフには明らかに切断頂点は存在しないし，サイクルにも切断頂点は存在しません．一方，長さ $n \geq 3$ 以上の道 P_n においては，2つの端頂点以外の頂点 v はすべて切断頂点であることがわかります．すべての辺が切断辺であるグラフが木でしたが（定理5.8），次の定理によって，すべての頂点が切断頂点であるようなグラフは存在しないことがわかります．

定理5.14 $G=(V, E)$ をグラフとし，$|V| \geq 2$ であるとする．G には少なくとも2つの切断頂点でないものが存在する．

証明. G は連結グラフであるとして証明すれば十分である．背理法で証明する．つまり，高々1つの切断頂点でないものをもつグラフが存在したとして，矛盾を導く．

G は高々1つの切断頂点でないものをもつ連結グラフとする．2頂点 u, $v \in V$ の間の距離 $d(u,v)$ を，G における最短の u-v 道の長さで定義する．u-v 道の個数は有限であるから，非負整数 $d(u,v)$ が定まる．そこで，
$$\mathrm{diam}(G) = \max\{d(u,v) | u, v \in V\}$$
と定義し，G の直径という．直径を与える2頂点を u_0, v_0 とする．$|V| \geq 2$ であるから，$u_0 \neq v_0$ で $\mathrm{diam}(G) = d(u_0, v_0) \geq 1$ である．仮定より，u_0, v_0 のうちの少なくとも一方は切断頂点である．そこで，u_0 が切断頂点としてよい．$G - u_0$ の連結成分の中から，v_0 を含まない成分を1つ選び，その成分から1頂点 w を選ぶ．すると，定理5.13より，G におけるすべての w-v_0 道は u_0 を通る．これより，最短の w-v_0 道は最短の u_0-v_0 道をも含む．すなわち $d(w, v_0) > d(u_0, v_0)$ を意味し，u_0, v_0 の選び方に反する．よって求める矛盾が導かれた．□

練習問題

5.23 $G = (V, E)$ を連結なグラフとし，$|V| \geq 3$ とする．G に橋があるならば，G には切断頂点があることを証明せよ．

5.24 木 $T = (V, E)$ について，次を示せ：
$v \in V$ が切断頂点である $\iff deg(v) > 1$

5.25 $T = (V, E)$ を木とし，$|V| \geq 3$ とする．T には次の性質をもつ頂点 v が存在することを示せ：
v に隣接する頂点は，高々1つを除いて，次数が1である．

5.26 単純グラフ $G = (V, E)$ に対して，次を証明せよ：

(1) G が非連結ならば，その補グラフ $\overline{G}$ は連結である．

(2) G を連結とする．$v \in V$ が G の切断頂点ならば，v は $\overline{G}$ の切断頂点ではない．

5.5 練習問題の解答とコメント

5.1 任意の $n \geq 1$ について，$K_{1,n}$ がサイクルを含まないことは2部グラフの定義から明らかである．任意の $m \geq 2$ について，$K_{m,n}$，$n \geq 2$，が長さ4のサイクルを含むことも明らかである．

5.2 $T = (V, E)$ を $|V| \geq 2$ なる木とする．1頂点 $u \in V$ を選び，固定する．定理5.1より，任意の $v \in V$ について，u-v 道 P_v がただ一通りに定まる．そこで，次のように T の2分割を定める：

$X = \{v \in V | P_v \text{ の長さが偶数}\}$，

$Y = \{v \in V | P_v \text{ の長さが奇数}\}$．

すると，$u \in X$ だから，$X \neq \emptyset$ である．また，仮定から $E \neq \emptyset$ だから，u に隣接する頂点が存在するので，$Y \neq \emptyset$ である．

辺 $e = vw \in E$ について，一意的に定まる道 P_v，P_w の一方のみが e を最後の辺として含む．したがって，P_v と P_w の長さの偶奇は異なるので，v と w は2分割 $X \cup Y$ の異なる方に属する．したがって，$X \cup Y$ は確かに T の2分割である．すなわち，T は2部グラフである．

5.3 $T = (V, E)$ を木とし，完全マッチング M をもつとする．定理5.2により，T には端頂点が存在する；$u \in V$，$deg(u) = 1$ とする．M にはこの u を飽和にする辺 e_1 が一意に存在するから，$e_1 \in M$ である．一般に，辺 $e = vw \in E$ について，定理5.1より，u-v 道 P_v，u-w 道 P_w が一意的に定まるが，辺 e はいずれか一方の道の最後の辺として現れる；$e \notin P_v$，$e \in P_w$ としてよい．このとき，P_v 上では M-交互道であり，$e_1 \in M$ であるから，P_v の長さが偶数のときは $e \in M$，奇数のときは $e \notin M$ と一意的に定まる．したがって，M は一意的である．

5.4 （存在の証明）定理5.1より，T には u-v 道 $P_{u,v}$ がただ1つだけ存在す

る．これに辺 $e=uv$ を加えて得られるグラフ $C=P_{u,v}+uv$ はサイクルである．

（一意性の証明）C' を G のサイクルとする．C' は木 T には含まれないので，加えた辺 $e=uv$ を含む．すると $C'-e$ は T における u-v 道となるから，定理 5.1 より，これは $P_{u,v}$ と一致する．したがって，$C=C'$ である．つまり，G のサイクルは 1 つだけである．

5.5　(1)　T が道で $n≧4$ ならば，$deg(v)=2$ は明らかである．

逆に，$deg(v)=2$ ならば，任意の $w \in V$ について $1≦deg(w)≦2$ であり，T は木であるから，定理 5.2 より，$deg(u)=1$ の頂点が存在する．u から出発して T の上をたどる．u と隣接している頂点を v_1 とする．$deg(v_1)=1$ ならば，$T=K_2$ となり，$deg(v)=2$，または $n≧4$ に反するので，$deg(v_1)=2$ である．v_1 と隣接する他の頂点を v_2 とすると，同じ理由で $deg(v_2)=2$ となる．v_2 と隣接する他の頂点を v_3 とすると，$1≦deg(v_3)≦2$ である．$deg(v_3)=1$ ならば，T は長さ 3 の道であることが結論される．$deg(v_3)=2$ ならば，v_3 と隣接する他の頂点を v_4 として，同様の議論を反復する．T の辺数は有限 $n-1$ で，定理 5.2 より，少なくとももう 1 つの次数 1 の頂点が存在するので，そこでこの旅は終わる．途中ですべての辺を通過したので，T は長さ $n-1$ の道である．

(2)　T が星グラフならば，$T=K_{1,n-1}$ であるから，$deg(v)=n-1$ である．逆に，$deg(v)=n-1$ ならば，v は残りのすべての頂点と隣接しており，辺数は $n-1$ であるから，これですべてである．よって，$T=K_{1,n-1}$ である．

(3)　$deg(v)=n-2$ だから，$N(v)=\{v_1, v_2, \cdots, v_{n-2}\}$ とおく．辺 vv_i はこれで $n-2$ 本あるから，残り 1 本を $v_1, v_2, \cdots, v_{n-2}$ のいずれか 1 つに接続させると T が完成する．どの頂点に接続させても互いに同型であることは明らかである．

(4)　$deg(v)=n-3$ だから，$N(v)=\{v_1, v_2, \cdots, v_{n-3}\}$ とおく．辺 vv_i はこれで $n-3$ 本あるから，残り 2 本をこれに加えて木となるようにする方法は，次の図 5.13 に示すような 3 通りがある：

図5.13：

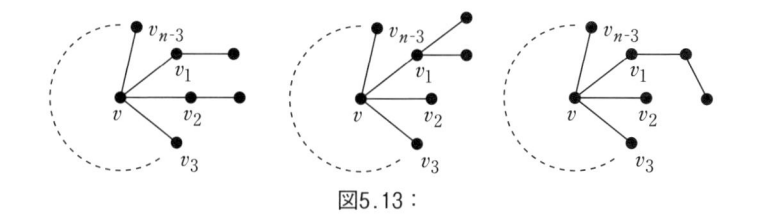

5.6 $deg(v)=k$ だから，$N(v)=\{v_1, v_2, \cdots, v_k\}$ とおく．定理5.8より，すべての辺 $vv_1, vv_2, \cdots, v_k$ は橋であるから，$T-v$ は $v_1, v_2, \cdots, v_k$ を頂点としてもつ k 個の木である．これらの木を $T_1, T_2, \cdots, T_k$ とする．$T_i=v_i$，つまり T_i が1頂点のとき，v_i の T における次数は1である．T_i が2個以上の頂点をもつとき，定理5.2により，T_i には次数1の頂点が少なくとも2つ存在する．これら次数1の頂点のうち少なくとも1つは T においても次数1のまま残るので，T には少なくとも k 個の次数1の頂点が存在する．

5.7 $G_1=(V_1, E_1)$，$G_2=(V_2, E_2)$，$\cdots$，$G_k=(V_k, E_k)$ を G の連結成分とする；$G=G_1\sqcup G_2\sqcup\cdots\sqcup G_k$．各 $G_i=(V_i, E_i)$ は木であるから，定理5.4により，$|V_i|=|E_i|+1$ が成り立つ．連結成分の定義から，$V=V_1\cup V_2\cup\cdots\cup V_k$，$V_i\cap V_j=\emptyset (i\neq j)$，$E=E_1\cup E_2\cup\cdots\cup E_k$，$E_i\cap E_j=\emptyset (i\neq j)$ であるから，

$$|E|=\sum_{i=1}^{k}|E_i|=\sum_{i=1}^{k}(|V_i|-1)=\sum_{i=1}^{k}|V_i|-k=|V|-k.$$

5.8 例5.1の5頂点までの範囲では存在しない．例5.2の6頂点の木では，図5.2の左から2番目と3番目の木の次数列が $(3,2,2,1,1,1)$ で同じになる．同型ではないことの証明を考えてください．7頂点以上になると，このような例はたくさん存在します．問5.1を解いた方は，その次数列を書き上げて，調べてみてください．

5.9 次数が1の頂点の個数を m とする．頂点の個数は $m+4$ で，定理5.4より辺の個数は $(m+4)-1$ である．定理1.1より，$5+4+3+2+m=2((m+4)-1)$ であるので，$m=8$ である．

5.10 この木の頂点数を n，辺数を m とすると，定理1.1（握手の補題）か

ら，$\frac{2m}{n}=1.99$ を得る．木の性質（定理5.4）から，$n=m+1$ だから，これら2つの等式を連立させて m を求めると，$m=199$ を得る．

5.11 G の頂点数を n，辺数を m とする．その頂点の次数がすべて奇数であるという条件より，系1.2から，n は偶数である．G が木だから，定理5.4より，$n=m+1$，つまり，$m=n-1$ が成り立つ．よって，m は奇数である．

5.12 上の練習問題5.6より，この木の最大次数は2であることが結論される．したがって，この木の次数列は $(2,2,\cdots,2,1,1)$，2の個数は $n-1$，であり，この木は P_n である．

5.13 $e_4, e_{10}, e_{11}, e_{15}$．

5.14 (1) G が連結だから，定理5.9より，$|V| \| E|+1$ である．よって，$|V|$ の最大値は $|E|+1=10+1=11$．実際，定理5.11より，G は木である．

(2) 定理5.9より，$|V|-1=|E|$ である．よって，$|E|$ の最小値は $|V|-1=15-1=14$ である．実際，この場合も G は木である．

5.15 上の練習問題5.14(1)からわかるように，3つの連結成分がすべて木の場合に最大となる．すなわち，定理5.10より，$|V|\leq|E|+\omega(G)$ だから，$|V|$ の最大値は $|E|+\omega(G)=16+3=19$．

5.16 G がただ1つのサイクルを含むとし，それを C とする．C の1辺 e を選ぶ．$G-e$ は連結でサイクルを含まないから，木である．よって，定理5.4より，$|V|=|V(G-e)|=|E(G-e)|+1=(|E|-1)+1=|E|$．

逆に，G は連結で，$|V|=|E|$ であるとする．定理5.11より，G は木ではないから，サイクルを含む；サイクルの1つを C とし，C の1辺 e を選ぶ．このとき，$G-e$ は連結で，次が成り立つ；$|V|=|V(G-e)|=|E|=|E(G-e)|+1$．よって，定理5.11より，$G-e$ は木である．したがって，G に含まれるサイクルは C のみである．

5.17 例えば，図5.14がある．左は辺の数が8で，右は辺の数が9である．

第 5 章 木　113

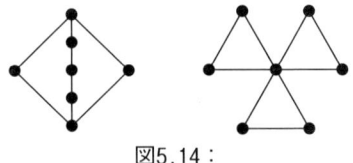

図5.14：

5.18 定理5.8より，任意の辺 $e \in E$ は橋である．定理5.6より，任意の $e \in E$ について，$\omega(T-e)=2$ であり，$T-e$ の各連結成分はいずれも木である．したがって，辺を1本取り除くごとに連結成分は1つだけ増加する．よって，T から k 本の辺を取り除いて得られるグラフの連結成分の個数は，辺の選び方によらずに，$k+1$ となる．

5.19 (a)は4通り（図5.15），(b)は8通り（図5.16）の全域木がある．

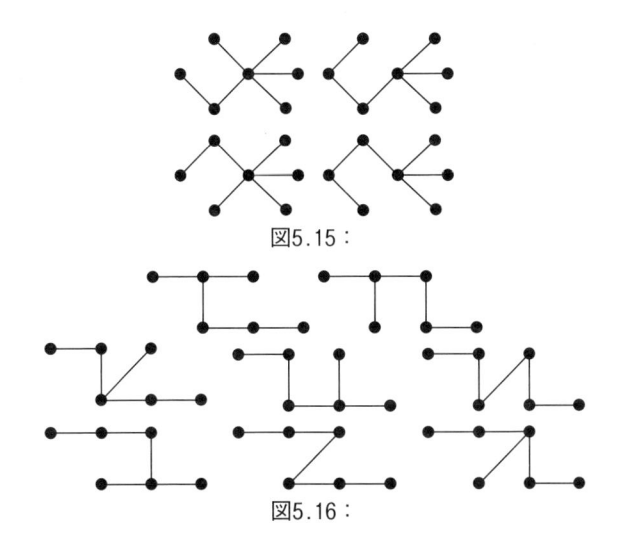

図5.15：

図5.16：

5.20 $G-F$ が C の辺を1つも含まないとすると，C が木 T に含まれることになる．

5.21 (1) ($\Longrightarrow$) 対偶を示す．$e=uv \in E$ を含まない全域木があるとし，それを T とする．e がループの場合は当然 e は橋ではない．e はループでない

とする．定理5.1(1)より，T には u-v 道 P が存在する．P の両端を e でつなぐことによって，G のサイクルを得る．定理5.7によって，e は橋ではないことが結論される．

($\Longleftarrow$) こちらも対偶を示す．$e=uv$ が橋でないとする．e がループならば，明らかに e を含まない全域木がある．e がループでないとき，$G-e$ は連結だから，$G-e$ に u-v 道 P が存在する．$C=P\cup e$ はサイクルである．e を含む全域木 T が存在するならば，上の練習問題5.20により，C には T には含まれない辺がある；このような1辺を f とする．$(T-e)\cup f$ は e を含まない G の全域木である．

(2) ($\Longrightarrow$) e がループならば，e はサイクルなので，e を含む全域木は存在しない．

($\Longleftarrow$) 対偶を示す．$e=uv$ がループでないとする．e が橋ならば，上の(1)より，e を含む全域木が存在する．$e=uv$ が橋でないならば，$G-e$ は連結だから，$G-e$ の全域木が存在する；この全域木を T とする．定理5.1(1)により，T には u-v 道 P が存在する．P の1辺 f を選び，$T'=(T-f)\cup e$ とすると，T' は e を含むような G の全域木である．

5.22 対偶を証明する．G が木でないとすると，サイクルを含む；そのサイクルの1つを C とする．T を G の全域木とすると，上の練習問題5.20より，T には属さない辺 $e=uv\in E(C)$ が存在する．定理5.1(1)により，T には u-v 道 P が（一意に）存在する．$P\cup e$ は G のサイクルであるから，任意の1辺 f を P から選ぶと，新しい全域木 $T'=(T-f)\cup e$ を得る．つまり，G には複数の全域木が存在する．

5.23 $e=uv\in E$ を橋とする．$G-e$ は2つの連結成分 $G_1=(V_1, E_1)$, $G_2=(V_2, E_2)$ となる．$u\in V_1$, $v\in V_2$ としてよい．$V_1\cup V_2=V$, $|V|\geq 3$ より，$|V_1|\geq 2$ または $|V_2|\geq 2$ である．$|V_1|\geq 2$ ならば u は切断頂点であり，$|V_2|\geq 2$ ならば v が切断頂点である．

5.24 ($\Longrightarrow$) 対偶を示す．$deg(v)=1$ ならば，v は端頂点であり，切断頂点ではあり得ない．

($\Longleftarrow$) $deg(v)>1$ とすると,v には少なくとも 2 本の辺が隣接しており,T は木であるから,これらはいずれもループではない.上の練習問題5.23とその証明より,v は切断頂点である.

5.25 T の最長の道を P とする(P は 1 つとは限らない.)条件 $|V|\geq 3$ より,P の長さは少なくとも 2 である.P の端頂点を u とし,それに隣接する頂点を v とすると,この v は問題の性質をみたす.実際,v に隣接する頂点 u の次数は 1 である.w をその他の v の隣接頂点とすると,P が最長であることから,w が P 上にないときは $deg(w)=1$ であり,w が P 上にある場合に限り,$deg(w)\geq 1$ であって,$deg(w)\geq 2$ のことが起こり得る.

5.26 (1) G の連結成分を $G_1=(V_1,E_1),G_2=(V_2,E_2),\cdots,G_\omega=(V_\omega,E_\omega)$,$\omega\geq 2$,とする.$V=V_1\cup V_2\cup\cdots\cup V_\omega$,$V_i\cap V_j=\emptyset(i\neq j)$ である.$\overline{G}$ の任意の 2 頂点 $u,v\in V$ について,次が成り立つ:

(i) ある $i\in\{1,2,\cdots,\omega\}$ について $u,v\in V_i$ ならば,$w\in V_j(i\neq j)$ を選ぶと,$uw,vw\in\overline{E}$ だから,u と v は長さ 2 の道で結べる.

(ii) $u\in V_i,v\in V_j(i\neq j)$ ならば,$uv\in\overline{E}$ だから,u と v は長さ 1 の道で結ばれる.

したがって,$\overline{G}$ は連結である.

(2) $G-v$ の連結成分を $H_1=(U_1,F_1),H_2=(U_2,F_2),\cdots,H_k=(U_k,F_k)$,$k\geq 2$ とする.$V-\{v\}=U_1\cup U_2\cdots\cup U_k$,$U_i\cap U_j=\emptyset$ である.また,$\overline{G}-v$ の頂点集合は $V-\{v\}=U_1\cup U_2\cdots U_k$ である.任意の $x,y\in V-\{v\}$ について,次が成り立つ:

(i) ある $i\in\{1,2,\cdots,k\}$ について,$x,y\in U_i$ ならば,$z\in U_j(i\neq j)$ を選ぶと,$xz,yz\in E(G-v)$ だから,x と y は $\overline{G}-v$ において長さ 2 の道で結ばれる.

(ii) $x\in U_i,y\in U_j(i\neq j)$ ならば,$xy\in\overline{E}$ だから,x と y は $\overline{G}-v$ で長さ 1 の道で結ばれる.

したがって,$\overline{G}-v$ は連結である.もし v が G において,すべての辺と隣接しているならば,v は $\overline{G}$ の孤立点である.

第6章

平面グラフ

　この章では「平面グラフ」を取り上げます．グラフとは，空間内の有限個の頂点と呼ばれる点とそれらを結ぶ辺と呼ばれる曲線からなる図形でした．そして，このようなグラフを平面上に表現する規則を定め，単純図という描き方を紹介しました．グラフ $G=(V, E)$ の単純図として，辺どうしの交差がまったくないとき，このような単純図を**平面グラフ**（plane graph）といい，また，グラフ G が平面グラフとして表現できるとき，G を**平面的グラフ**といいました．平面グラフは平面上の図形として，多くの性質が知られています．

6.1　正多面体

　正多面体の定義を振り返り，正多面体の歴史と性質を紹介します．**正多面体**（regular polyhedron）とは，次の3つの条件を満たす多面体のことである．

1. すべての面が合同な正多角形
2. どの頂点にも面が同じ数だけ集まっている
3. へこみがない

　へこみがない多面体を**凸多面体**という．数学的にきちんと定義を書くと，3次元ユークリッド空間 $\mathbf{R}^3$ において，いくつかの平らな（平面にのる）多角形によって囲まれる立体図形を**多面体**（polyhedron）という．多面体 P が**凸**（convex）であるとは，その任意の2点 x, y に対して，線分 $\overline{xy}$ が P に含まれる場

合をいう．図6.1で，(a)は凸であり，(b)と(c)は凸ではない．(b)と(c)が凸でないことは，図の x, y を結ぶ線分が P に含まれないことからわかる．

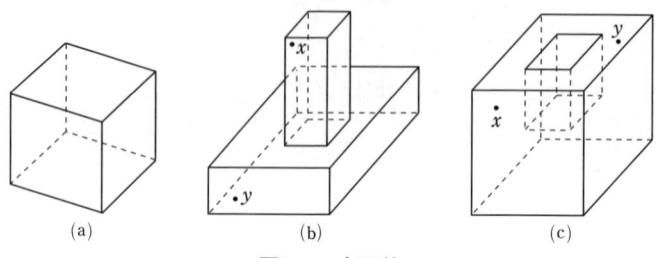

図6.1：多面体

問題6.1 正多面体はいくつあるか，具体的に挙げ，それぞれの面の形，頂点の数，辺の数，面の数と頂点の次数を求めなさい．さらに，それらの数の間の関係を見つけなさい．

正多面体は5つ存在し，それは図6.2のようなものであり，表を作ると次のようになる．

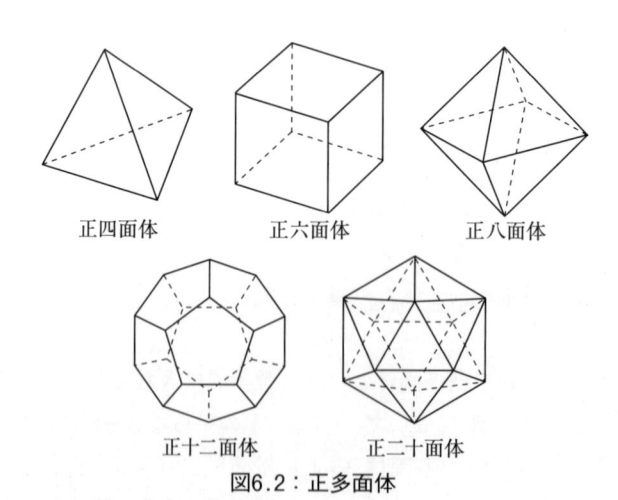

正四面体　　正六面体　　正八面体

正十二面体　正二十面体

図6.2：正多面体

正多面体	正四面体	正六面体	正八面体	正十二面体	正二十面体
面の形	正三角形	正方形	正三角形	正五角形	正三角形
頂点の数	4	8	6	20	12
辺の数	6	12	12	30	30
面の数	4	6	8	12	20
頂点の次数	3	3	4	3	5

効率よい辺の数え方は，面の形と数から計算する方法があります．例えば，正十二面体なら，$5 \times 12 \div 2 = 30$ と計算できます．これは五角形の5辺が12個あり，2辺が貼りついているので2で割ればよいということです．頂点の数え方も，正六面体と正八面体が次に紹介する双対という関係にあること，正十二面体と正二十面体が双対という関係にあることを利用すれば，すぐに数えることができます．

頂点，辺，面の間には，次の関係式が成り立っていることに気づきます．

　　　頂点の数 － 辺の数 ＋ 面の数 ＝ 2

実は，この関係式は，正多面体に限らず，一般の多面体で成立します．これを**オイラーの多面体公式**といい，この章では，この証明とそれに関連した話題を紹介します．

各面の重心に頂点をとり，面が辺を共有しているときそれらの頂点を結ぶと，新たな多面体ができる（図6.3）．このようにしてできた多面体を，元の多面体の**双対**（dual）と呼ぶ．図6.3のように，正八面体は正六面体の双対であり，正六面体は正八面体の双対である．正四面体は自分自身と双対である．一般に，双対の双対は元の多面体になる．さらに，正十二面体は正二十面体の双対であり，正二十面体は正十二面体の双対である．

正多面体の双対と展開図の間には深い関係があります．これらの展開図の数は11個で同じです．このことは偶然ではなく，展開図の間には一対一の対応があります．

正六面体を切り開いて展開図を作るとき，7本の辺を切り，5本の辺は切ら

図6.3：双対

図6.4：正六面体と正八面体の展開図

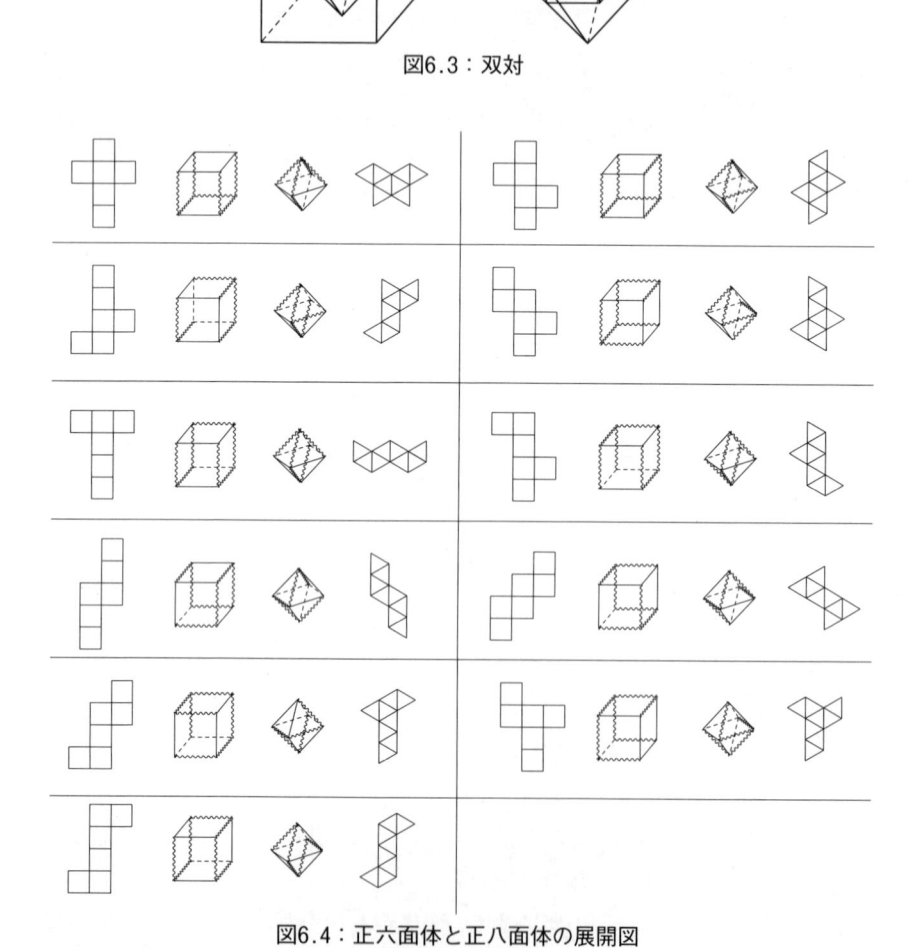

ない．正八面体を切り開いて展開図を作るとき，5本の辺を切り，7本の辺は切らない．そして，切り取る辺と切り取らない辺を対応させると，同じ数の展

開図が存在することがわかります（図6.4）．

　正十二面体と正二十面体の展開図の数も同じで，43,380通りあることがわかっています．

　5個の正多面体を記述したのはプラトンが初めてであるということから，正多面体をプラトンの立体ということがあります．5個の正多面体が存在し，正多面体は5個のみであることが示されたのはユークリッド原論（ストイケイア）でした．ユークリッド原論は，紀元前3世紀ごろにエジプトのアレクサンドリアで活躍した数学者ユークリッド（ギリシャ語では，エウクレイデス）によって書かれたものとされています．この本は，現在に至るまで世界の本の中で2番目に読まれた本とされています．ちなみに1番は聖書です．

　正多面体が5つ存在することは，実際に作ってみせるのでは証明になっていないので，この本では，立体をうまく組み合わせることで，作ることができることを論理的，演繹的に示しています．正多面体が5つしか存在しないことの証明は，ユークリッド原論には次のように書かれています．

　　三角形にせよ，あるいはどんな面にせよ，二つでは立体角はつくれない．三つの三角形によって角錐（正四面体）の角が，四つによって正八面体の角が，五つによって正二十面体の角がつくられる．ところが1点に結ばれる六つの等辺等角な三角形によっては立体角はつくれない．なぜなら等辺三角形の角は3分の2直角であるから，六つの角の和は4直角に等しいであろう．これは不可能である．なぜならすべての立体角は4直角（360°）より小さい角によってかこまれるから．同じ理由で立体角は六つより多くの平面角によっても作り得ない．そして立方体の角は三つの正方形によってかこまれる．ところが四つによっては不可能である．なぜなら，ふたたび4直角になるであろうから．また三つの等辺等角な五角形によって正十二面体の角がつくられる．ところが四つによっては不可能である．なぜなら等辺等角な五角形の角は直角と5分の1であるため，四つの角の和は4直角より大き

くなるであろうから．これは不可能である．同じ不合理によって立体
角は他の多角形によっていもかこまれないであろう．

　つまり，この証明は，頂点に集まる角度を考えればよいということです．後
で，オイラーの多面体公式を用いた証明を与えます．

6.2　平面上の曲線

　これから平面グラフを本格的に扱いますが，その準備として，平面上の曲線
について必要な言葉・性質を簡単にまとめておくことにします．

　数直線上の閉区間 $[0, 1] = \{x \in \mathbf{R}^1 | 0 \leq x \leq 1\}$ から平面 $\mathbf{R}^2$ への連続写像 $w:$
$[0, 1] \to \mathbf{R}^2$ の像 $\ell = w([0, 1])$ を**曲線**と呼び，$w(0), w(1)$ を，それぞれ，その**始点**，**終点**と呼ぶ．また，$x = w(0)$ と $y = w(1)$ を結ぶ曲線ともいう．

　ただし，本格的な曲線論をする必要はないので，次の図6.5, 6.6のようなも
のをイメージすれば十分です．

　交差点（多重点）をもたない曲線を**単純曲線**という．

図6.5：x と y を結ぶ曲線　　　図6.6：x と y を結ぶ単純曲線

　始点と終点が一致するとき，その曲線を**閉曲線**といい，とくに交差点をもた
ない場合を**単純閉曲線**あるいは**ジョルダン閉曲線**（Jordan Curve）という．

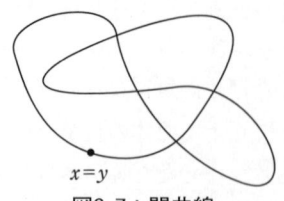

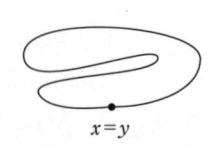

図6.7：閉曲線　　　図6.8：単純閉曲線

単純閉曲線に関しては，数学的に重要な次の定理が成り立ちます．

定理6.1（ジョルダンの閉曲線定理（Jordan Curve Theorem）） 平面上の単純閉曲線 J は，平面を有界な領域（J の**内部**という）と非有界な領域（J の**外部**という）とに分割する．

ここで「領域」と「分割」を明確に定義します．平面 R^2 の部分集合 R が**領域**（region）であるとは，任意の2点 $x, y \in R$ に対して x と y を結ぶ曲線 $w: [0, 1] \to R, w(0)=x, w(1)=y$ が存在する場合をいう．また，閉曲線 J が平面を**分割する**とは，内部の点 x と外部の点 y を結ぶ曲線 $w([0, 1])$ は必ず J と交差することを意味する．実際には，曲線を単純曲線とし，J と接したり J 上の弧の一部と重ならないようにして，交わるところでは交差するように選ぶと，交差点の個数は奇数になることもわかります．

これは一見当たり前に思える事実ですが，証明しなければいけない事実です．そのことを指摘し，証明論文を書いたのがジョルダン（Camille Jordan, 1838-1922）であって，1887年のことでした．しかしその証明には飛躍があって，完全な証明は1900年代になってから何人かによって与えられました．証明は，平面上の単純閉曲線とはどのような状態にあるか……を解明するもので，極めて繊細な議論が必要となります．ここでは結果のみを使用します．

問題6.2 図6.9の単純閉曲線について，点 x, y は内部にあるか外部にあるかを判定せよ．

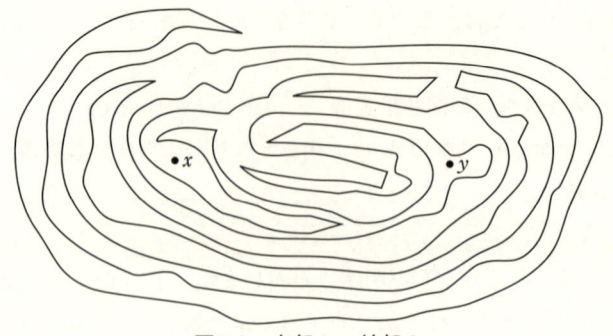

図6.9: 内部？ 外部？

　2つの方法を紹介します．一つは，内部に色を塗っていき，塗られているところにあるのなら，内部と判定します．もう一つは，外部から点 x まで単純閉曲線と接することがないように線（図では直線ですが，曲線でも構いません）をひきます（図6.10）．そして，交わっている点の個数を数える．点 x では個数が奇数なので，内部だとわかります．これは，単純閉曲線に交わる度に，外部から内部へ，または，内部から外部へと移動していくことからわかります．

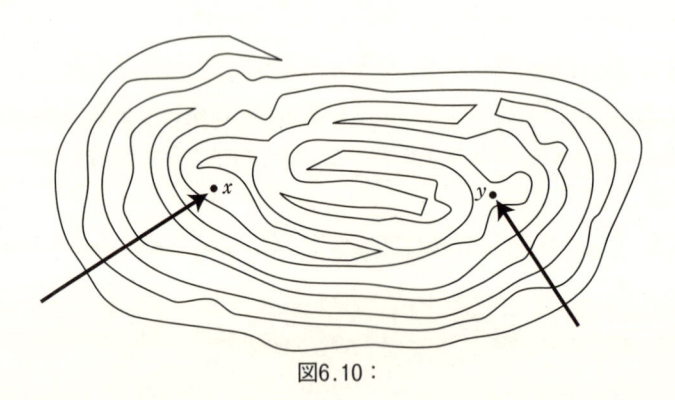

図6.10:

6.3　オイラーの多面体公式

　平面グラフ $G=(V,E)$ は平面 $\mathbf{R}^2$ をいくつかの領域に分割する；つまり，$\mathbf{R}^2-G$ はいくつかの領域となる．これらの各領域を G の**面**（face）といい，

面の集合を $R(G)$ で表す.

例えば，次の図6.11の平面グラフ G については，その面は f_1, f_2, f_3, f_4 の4個です；$R(G) = \{f_1, f_2, f_3, f_4\}$, $|R(G)| = 4$.

本稿では，頂点数，辺数ともに有限のグラフのみを考えているので，どの平面グラフについても有界ではない（非有界）な面が必ず1つだけある．この面を**外部面**（exterior face）という．外部面以外の面を**内部面**（interior face）という．

図6.11の平面グラフ G では，f_1 が外部面で，f_2, f_3, f_4 が内部面です．

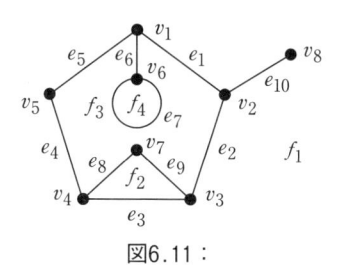

図6.11:

平面グラフ $G = (V, E)$ の面 f の**境界**（boundary）を，f の周囲を一周する閉歩道と定め，∂f で表し，バウンダリーエフと読む．∂f の閉歩道としての長さ（辺の本数）を f の**次数**（degree）といい，$deg(f)$ で表す．

頂点の次数と同じ用語と記号ですが，混乱は生じないと思います．

例えば，図6.11の平面グラフ G については，

$\partial f_1 = v_1 e_1 v_2 e_{10} v_8 e_{10} v_2 e_2 v_3 e_3 v_4 e_4 v_5 e_5 v_1$, $deg(f_1) = 7$,

$\partial f_2 = v_3 e_3 v_4 e_8 v_7 e_9 v_3$, $deg(f_2) = 3$,

$\partial f_3 = v_1 e_1 v_2 e_2 v_3 e_9 v_7 e_8 v_4 e_4 v_5 e_5 v_1 e_6 v_6 e_7 v_6 e_6 v_1$, $deg(f_3) = 9$,

$\partial f_4 = v_6 e_7 v_6$, $deg(f_4) = 1$

のようになります．ここで，どの辺も境界として2回現れています．橋は，1つの面の境界として2回現れています．

さて，ここでオイラーの多面体公式として数学では最もよく知られた公式の一つを証明します．これは，1752年のオイラー（L. Euler, 1707-1783）の論文に

登場しました．それまでの定量的性質（長さ，面積，角度など）を扱う幾何学から定性的性質（つながり具合など）を取り扱う幾何学の先駆となりました．ただしここでの証明は不完全で，18世紀の最後の方で完成をみることになりました．

定理6.2（オイラーの多面体公式） 連結な平面グラフ $G=(V, E)$ について，次が成り立つ：
$$|V|-|E|+|R(G)|=2$$

証明．サイクルの個数に関する数学的帰納法によって証明する．

（帰納法の基礎） G がサイクルを含まない場合：このとき G は木であり，定理5.4より，$|V|=|E|+1$ である．面は外部面1つだから，$|R(G)|=1$ で，
$$|V|-|E|+|R(G)|=|E|+1-|E|+1=2$$
となり，定理は成立する．

（帰納法の仮定） $n \geq 1$ について，サイクルの個数が n 個未満の平面グラフについて，定理が成り立つと仮定する．

$G=(V, E)$ を n 個のサイクルを含む平面グラフとする．仮定から，G にはサイクルが存在する；その1つを C とし，C の1辺 e を選ぶ．

(1) C がループの場合：C は単純閉曲線として平面上に描かれているから，ジョルダンの閉曲線定理より，C の内部にある面と C の外部にある面とは異なる．したがって，e を境界に含む面は2つあって，一方は C の内部に，もう一方は C の外部にある．e を取り除いたグラフ $G-e=(V, E-\{e\})$ を考えると，これはそのまま平面グラフで，そのサイクルの個数は $n-1$ であるから，帰納法の仮定から $G-e$ については定理が成り立つ：$|V(G-e)|-|E(G-e)|+|R(G-e)|=2$．

ところで，$G-e$ の面の個数は，e を境界に含む G の2つの面が $G-e$ の面では1つになるから，$|R(G-e)|=|R(G)|-1$ である．また，$V=V(G-e)$ で，$E(G-e)=E-\{e\}$ であるから，次が成り立つ：

$$|V|-(|E|-1)+(|R(G)|-1)=2, \quad |V|-|E|+R(G)|=2.$$

(2) C がループでない場合：C の 1 辺を選び，e とする．e を取り除いて得られるグラフ $G-e$ はそのまま平面グラフであり，C は $G-e$ のサイクルではないから，$G-e$ に含まれるサイクルの個数は $n-1$ 以下である．（注：辺 e を含むような G のサイクルはすべて $G-e$ ではサイクルでなくなるので，一般に $G-e$ のサイクルの個数 m は $0 \leq m \leq n-1$ になる．）帰納法の仮定からから，$G-e$ に関しては定理が成り立つ：$|V(G-e)|-|E(G-e)|+|R(G-e)|=2$.

ところで，ジョルダン閉曲線定理より，辺 e の両側の面は，一方は C の内部にあり，もう一方は C の外部にあるから，異なる面である．これらの 2 面は $G-e$ の面としては 1 つになるから，$|R(G-e)|=|R(G)|-1$ である．また，$V=V(G-e)$ で，$E(G-e)=E-\{e\}$ であるから，次が成り立つ：

$$|V|-(|E|-1)+(|R(G)|-1)=2, \quad |V|-|E|+|R(G)|=2. \quad \square$$

平面的グラフの平面グラフとしての実現は，実は一意的ではありません．実例はすぐ後に示すとして，この定理から，次がわかります：

系 6.3 $G=(V,E)$ を平面的グラフとし，G_1, G_2 をその平面グラフとしての表現とすると，$|R(G_1)|=|R(G_2)|$ である．

つまり，平面的グラフ G の「面の個数」$|R(G)|$ をその平面グラフとしての任意の表現 G_1 の面の個数 $|R(G_1)|$ で定めることができる．□

証明． $G_1=(V_1,E_1)$，$G_2=(V_2,E_2)$ とすると，G_1, G_2 は共に G と同型だから，$|V|=|V_1|=|V_2|$, $|E|=|E_1|=|E_2|$ である．オイラーの多面体公式から，求める等式を得る：

$$|R(G_1)|=|E_1|-|V_1|+2=|E_2|-|V_2|+2=|R(G_2)|. \quad \square$$

与えられた単純平面グラフの頂点数を固定し，平面性と単純性を保ち，辺を加えていき，完全グラフにすることは可能でしょうか．図 6.12 のグラフに辺を

加えていくと，完全グラフにすることはできません．平面グラフであるという条件があると，辺の本数は頂点数による制約を受けます．

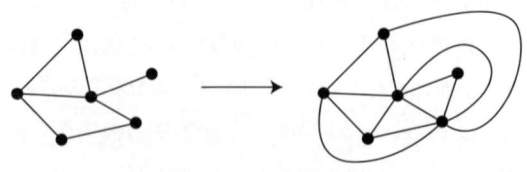

図6.12：三角形分割

定理6.4 単純平面グラフ $G=(V, E)$ で $|V|\geq 3$ ならば，次が成り立つ：
$$|E|\leq 3|V|-6.$$

証明． 単純グラフ G に平面上で，単純性を保ちながら辺を加えて，どの面の次数も3にすることができる．実際，面の次数が4以上のものがあるときは，多角形を対角線を用いて3角形に分割する要領で実行すればよい．

できあがった単純平面グラフを $H=(V, F)$ とし，その面の集合を $R=R(H)$ とする．H には橋はないので，どの辺も2つの面と接しており，すべての面の次数が3だから，次が成り立つ：

$$3|R|=2|F|, \quad |R|=\frac{2}{3}|F|$$

この $|R|$ をオイラーの多面体公式に代入すると，

$$|V|-|F|+\frac{2}{3}|F|=2, \quad |F|=3|V|-6$$

$E\subset F$ だから，$|E|\leq|F|$ なので，求める不等式

$$|E|\leq 3|V|-6$$

が得られる．□

なお，上の証明からもわかるように，定理6.4で等号が成立するのは，すべての面の次数が3の場合であり，このとき平面グラフを平面の**三角形分割**といいます．完全グラフに関して次の系が得られます．

系6.5 5頂点完全グラフ K_5 は平面的グラフではない．

証明． $|V(K_5)|=5$, $|E(K_5)|=10$ であるので，
$$10 \leq 3 \times 5 - 6 = 9$$
となり，定理6.4の不等式を満たさないので K_5 の平面グラフは存在しない．したがって，K_5 は平面的グラフではない．□

定理6.6 $G=(V, E)$ を連結な単純平面グラフとすると，G には次数5以下の頂点が少なくとも1つ存在する．

証明． すべての頂点の次数が6以上とすると，定理1.1（握手の補題）より，
$$2|E| = \sum_{v \in V} deg(v) \geq 6|V|, \quad |E| \geq 3|V|$$
これは前の定理6.4に矛盾する．□

この定理をもう少し精密に議論すると，次が得られます．

定理6.7 $G=(V, E)$ を連結な単純平面グラフとし，G の最大次数を t とする；$t = \max\{deg(v) | v \in V\} = \triangle(G)$．$n_i$ を次数が i の頂点の個数とする．$|V| \geq 3$ ならば，次が成り立つ：
$$5n_1 + 4n_2 + 3n_3 + 2n_4 + n_5 \geq n_7 + 2n_8 + \cdots + (t-6)n_t + 12.$$

証明． 頂点数の関係から，
$$|V| = n_1 + n_2 + n_3 + n_4 + n_5 + n_6 + n_7 + n_8 + \cdots + n_t.$$
辺数と次数の関係から，
$$2|E| = n_1 + 2n_2 + 3n_3 + 4n_4 + 5n_5 + 6n_6 + 7n_7 + 8n_8 + \cdots + tn_t.$$
定理6.4より，$2|E| \leq 6|V| - 12$ だから，この不等式に上の2式を代入して，
$$n_1 + 2n_2 + 3n_3 + 4n_4 + 5n_5 + 6n_6 + 7n_7 + 8n_8 + \cdots + tn_t$$

$$\leq 6(n_1+n_2+n_3+n_4+n_5+n_6+n_7+n_8+\cdots+n_t)-12$$

この不等式を変形して，求める不等式を得る．

なお，等号が成立するのは，定理6.4で等号が成立する場合だから，G が平面の三角形分割である場合である．□

練習問題

6.1 2部グラフのサイクルの長さはすべて偶数となる．したがって，平面2部グラフの面の次数はすべて偶数となる．この事実を使い，定理6.4の証明にならって，次を証明せよ：

$G=(V,E)$ を連結で単純な2部平面グラフとする．$|E|\geq 3$ ならば，$|E|\leq 2|V|-4$ が成り立つ．

6.2 完全2部グラフ $K_{3,3}$ は平面的グラフではないことを示しなさい．

6.3 大阪，京都，名古屋，奈良，和歌山の各2都市間を直接結ぶ路線を引きたい．このとき，立体交差を作ることなく，引くことは可能か？

6.4 (1) $n\geq 2$ について，完全グラフ K_n で平面的なのはどれか？
(2) $m, n\geq 1$ について，完全2部グラフ $K_{m,n}$ で平面的なのはどれか？

6.5 (1) 5頂点完全グラフ K_5 の任意の1辺 e について，K_5-e は平面的であることを示せ．
(2) 完全2部グラフ $K_{3,3}$ の任意の1辺 e について，$K_{3,3}-e$ は平面的であることを示せ．

6.6 非平面的グラフ $G=(V,E)$ が平面性に関して**臨界** (critical) であるとは，その任意の真部分グラフが平面的である場合をいう．
(1) 完全グラフ K_n で平面性に関して臨界なものはどれか？

(2) 完全2部グラフ $K_{m,n}$ で平面性に関して臨界なものはどれか？

(3) グラフ $G=(V, E)$ が平面性に関して臨界ならば，G は連結であることを示せ．

6.7 $G=(V, E)$ を平面グラフとすると，次が成り立つことを示せ：
$$|V|-|E|+|R(G)|=\omega(G)+1$$

6.8 $G=(V, E)$ を連結な平面グラフとする．任意の頂点 $v \in V$ について $deg(v)=4$ （4-正則）であって，$|R(G)|=10$ ならば，頂点数 $|V|$ を決定し，G の平面図を描け．

6.9 $G=(V, E)$ を単純平面グラフとする．
(1) $|V| \leq 11$ ならば，$v \in V$ で $deg(v) \leq 4$ となるものが存在することを示せ．
(2) $|E| \leq 29$ ならば，$|V| \geq 12$ であることを示せ．

6.10 $G=(V, E)$ を連結な単純平面グラフとする．
(1) 任意の頂点 $v \in V$ について $deg(v) \geq 5$ ならば，G には次数5の頂点が少なくとも12個存在することを示せ．
(2) $|V| \geq 4$ で，任意の頂点 $v \in V$ について $deg(v) \geq 3$ ならば，G には次数5以下の頂点が少なくとも4個存在することを示せ．

談話室 スプラウト（sprouts）

平面グラフにまつわる，紙と鉛筆だけで楽しめる2人ゲームを紹介します．このゲームは1970年ころ，イギリスの数学者 J. Conway 教授と学生 M. Peterson 君の合作で誕生し，イギリスとアメリカの大学生の間で流行したとのこと．数学ゲームやパズルなどで日本でも多くの翻訳書があるマーチン・ガードナーの著書[b5]を参考にしました．

最初に，2人で相談して，紙に何点かを記します．1点，2点の場合はつまらないので，3〜5点が適当でしょう．点の数が増えるほど複雑で時間を要します．先手・後手を決め，順に次の操作（☆）を行います：

(☆) 1点を加え，この頂点から既にある点へ2本の辺を書き加える．

この際，辺は単純曲線で描くものとし，辺どうしの交差は許さないものとする．また，頂点の次数は高々3とする．操作（☆）が実行できなくなった方が負け．つまり，最後に操作（☆）を行った方が勝ち．

例（3点から出発）

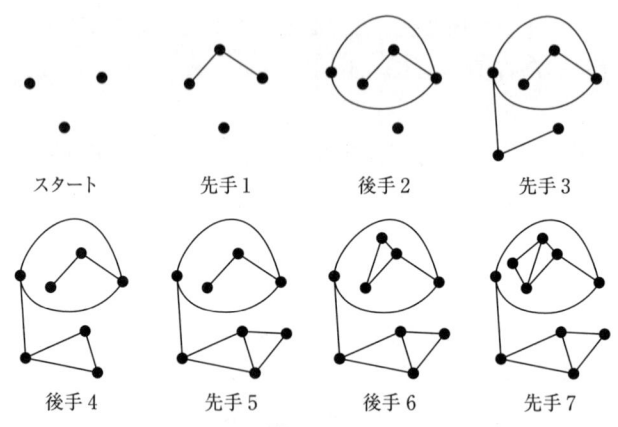

図6.13：

スプラウト（sprouts；芽生え）とは，2人が交互に操作（☆）を実行すると，木の芽がふくらんでいくように見えるところから付けられたニックネームです．このゲームをグラフの観点から解析してみましょう．

1．勝負が決した状態の図は，ループのない平面グラフである．

2．次数0の点（孤立頂点）および次数1の点（端頂点）は存在しない．実際，これらの頂点があると，操作（☆）が実行できるからである．

3．次数2の頂点が少なくとも1つ存在する．実際，最後に操作（☆）を施した際に付け加えた頂点の次数は2である．

こうして，次数2と次数3の頂点をもつ平面グラフ $G=(V, E)$ が完成する．出発時の点の個数を k とし，n 回の操作（☆）で勝負が決したとすると，$|V|=k+n$, $|E|=2n$ である．定理1.1（握手の補題）を適用すると，

$$3(k+n) > \sum_{v \in V} deg(v) = 2(2n)$$

を得る．よって，$3k+3n>4n$ だから，$3k>n$ を得る．これから，$k=3$（3点から出発）のときは8手以内で決着がつき，$k=4$ のときは11手以内で，$k=5$ のときは14手以内で決着がつくことがわかる．

6.4 多面体グラフ

凸多面体 P の頂点と辺の関係を保つ，$\mathbf{R}^3$ における連結な単純グラフが得られる．特に，凸多面体 P から得られるこのようなグラフを**多面体グラフ**という．

多面体の表面だけを考え，これが伸縮自在のゴムのようなものでできていると考えるとき，凸多面体 P を膨らませると球面 $\mathbf{S}^2$ になります．したがって，多面体グラフは球面上に，辺が交差することなく，描くことができます．面の部分に 1 点の穴をあけ（または 1 つの面を切り取り）この穴を大きくして球面を平面 $\mathbf{R}^2$ に押し広げると，球面上のグラフは平面上に描かれます．つまり，多面体グラフは平面的です．穴をあけた面（切り取った面）が外部面となるわけです．

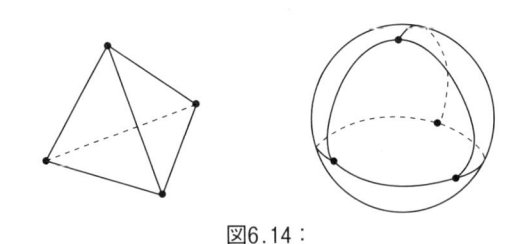

図6.14：

図6.15：

例6.1 正多面体のグラフは，図6.17のようになる．

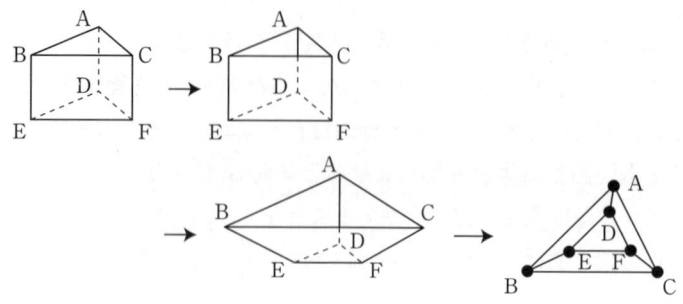

図6.16：上の面を開けて平面に描く

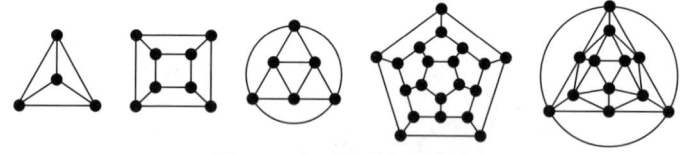

図6.17：正多面体のグラフ

平面上の線分でできる多角形は辺の個数（＝隣接する辺の角の個数）より，n 辺形とか n 角形と呼ばれますが，凸多面体は面の個数より n **面体**という表現がされます．面の個数が最も少ないのが四面体で，三角錐1種のみです．五面体には四角錐と三角柱の2種類，六面体には五角錐，四角柱はじめ全部で7種類あります．ちなみに、七面体は34種類，八面体には257種類，九面体には2,606種類あることが知られています．

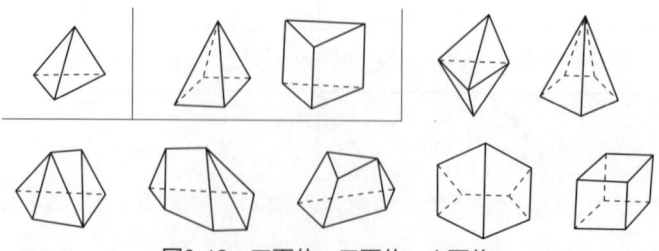

図6.18：四面体，五面体，六面体

問6.1 図6.18の多面体グラフの平面図を描け.

次の定理は，凸多面体したがって多面体グラフを特徴付けるものです.

定理6.8 P を凸多面体, $G=(V, E)$ をそれに対応する多面体グラフとする. $i \geq 3$ に対して，n_i によって G の次数 i の頂点の個数を表し，r_i によって G の次数 i の面の個数を表す. 次が成り立つ:

(1) $\sum_{i \geq 3} i n_i = \sum_{i \geq 3} i r_i = 2|E|$.

(2) 多面体 P の面には三角形，四角形，五角形のいずれかが少なくとも1つ存在する. したがって，グラフ G には次数 3, 4, 5 の面のいずれかが少なくとも1つ存在する.

証明. (1) 多面体なので，次数 0, 1, 2 の頂点や面は存在しないので，$\sum_{i \geq 3} i n_i = \sum_{v \in V} ideg(v)$, $\sum_{i \geq 3} i r_i = \sum_{r \in R(G)} ideg(r)$ を意味する. 定理1.1（握手の補題）より，等式の前半 $\sum_{i \geq 2} i n_i = 2|E|$ を得る. 一方，$i r_i$ は r_i 角形の辺の個数を表し，各辺はちょうど2つの面の境界であるから，等式の後半 $\sum_{i \geq 3} i r_i = 2|E|$ を得る.

(2) 背理法で証明する. 次数 3, 4, 5 の面がいずれも存在しないと仮定する. すなわち，$r_3 = r_4 = r_5 = 0$ とする. (1)より，次を得る:

$$2|E| = \sum_{i \geq 6} i r_i \geq \sum_{i \geq 6} 6 r_i = 6 \sum_{i \geq 6} r_i = 6|R|$$

ただし，R は面の集合で，$|R| = r_6 + r_7 + r_8 + r_9 + r_{10} + \cdots$ である. したがって，$|R| \leq \frac{2}{3}|E|$ が成り立つ. 再び(1)により,

$$2|E| = \sum_{i \geq 3} i n_i \geq \sum_{i \geq 3} 3 n_i = 3 \sum_{i \geq 3} n_i = 3|V|$$

を得る. したがって，$|V| \leq \frac{2}{3}|E|$ である.

これらの不等式をオイラーの多面体公式 $|E| = |V| + |R| - 2$ に代入すると,

$$|E| \leq \frac{2}{3}|E| + \frac{1}{3}|E| - 2 = |E| - 2$$

となる．これは不可能なので，P の面は定理の条件を満たす．□

次に，正多面体が 5 つに限ることをオイラーの多面体公式を用いた証明で与えます．

定理6.9 正多面体は，正四面体，正六面体（立方体），正八面体，正十二面体，正二十面体の 5 つに限る．

証明． 正多面体が存在したとし，頂点数を p，辺数を q，面数を r，面の形を正 n 角形とし，頂点に集まる辺の本数を m とする．$n \geq 3$, $m \geq 3$ である．オイラーの多面体公式より，

$$p - q + r = 2$$

また，頂点と辺の関係，面と辺の関係は，

$$mp = 2q, \quad nr = 2q$$

となる．これを第 1 式に代入すると，

$$\frac{2q}{m} - q + \frac{2q}{n} = 2$$

この両辺を $2q$ で割って，次式を得る：

$$\frac{1}{m} + \frac{1}{n} = \frac{1}{2} + \frac{1}{q} \quad \cdots (*)$$

この関係式 (*) を満たす正整数 m, n, q の組を求める．$m \geq 3$, $n \geq 3$ より，$q \geq 4$ である．

(1) $m = n$ のとき：関係式 (*) は，

$$\frac{1}{2} < \frac{1}{2} + \frac{1}{q} = \frac{1}{m} + \frac{1}{n} = \frac{2}{m}$$

これより，$m < 4$ でなければならないから，$m = n = 3$ となる．

(2) $m<n$ のとき：$\frac{1}{n}<\frac{1}{m}$ であり，次式を得る：

$$\frac{2}{n}<\frac{1}{m}+\frac{1}{n}<\frac{2}{m}$$

一方，$\frac{1}{2}<\frac{1}{2}+\frac{1}{q}$ だから，上の式と(*)より，

$$\frac{1}{2}<\frac{2}{m} \Rightarrow m<4 \Rightarrow m=3$$

関係式(*)に $m=3$ を代入すると，

$$\frac{1}{3}+\frac{1}{n}=\frac{1}{2}+\frac{1}{q} \Rightarrow \frac{1}{n}=\frac{1}{6}+\frac{1}{q}>\frac{1}{6} \Rightarrow n<6 \Rightarrow n=4,5$$

(3) $m>n$ のとき：(2)とまったく同様の計算で，次を得る：

$n=3, m=4, 5$

上で得られた (m, n) の5組について，関係式(*)を用いて辺数 q を計算する．

$(m, n)=(3, 3)$ のとき，$q=6$ であり，これは正四面体に対応している．
$(m, n)=(3, 4)$ のとき，$q=12$ であり，これは正六面体に対応している．
$(m, n)=(3, 5)$ のとき，$q=30$ であり，これは正十二面体に対応している．
$(m, n)=(4, 3)$ のとき，$q=12$ であり，これは正八面体に対応している．
$(m, n)=(5, 3)$ のとき，$q=30$ であり，これは正二十面体に対応している．
以上により，正多面体は定理に挙げた5つに限ることが示された．□

2種類以上の正多角形が各頂点のまわりに同じ状態で集まる凸多面体を**半正多面体**（semi-regular polyhedron）という．代表的なものは，正多面体のすべての頂点のところを切り落として得られるもので**切頭多面体**と呼ばれる．例えば，正二十面体の各頂点のところから同じ五角錐を切り落として得られるものを**切頭二十面体**（truncated icosahedron）といい，20個の正六角形と12個の正五角形を面とする凸多面体で，サッカーボールの原型として知られている．

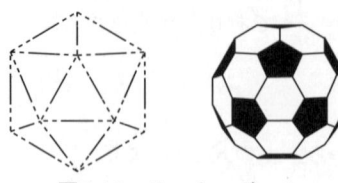

図6.19：サッカーボール

練習問題

6.11 $G=(V, E)$ を多面体グラフとし，$|V|=12$，$|E|=30$ とする．このとき，G の面の次数はすべて 3 であることを示せ．

6.12 頂点数が 6 で，辺数が 10 である凸多面体グラフで同型でないものを 2 つ挙げよ．

6.13 $G=(V, E)$ を凸多面体グラフとする．$|V|=p$，$|E|=q$，$|R(G)|=r$ とするとき，以下を証明せよ：

(1) $2q \geq 3r$, $2q \geq 3p$,

(2) $2p \geq 4+r$, $2r \geq 4+p$,

(3) $3r-6 \geq q$,

(4) $p \geq 4$, $q \geq 6$, $r \geq 4$.

6.14 辺数が 25 で，面数が 10 の凸多面体は存在しないことを示せ．

談話室 **クラトフスキー（Kuratowski）の定理**

グラフ $G=(V, E)$ のある辺 $=uv$ の中に 1 頂点を挿入する変換，つまり，
$$G=(V, E) \implies G'=(V \cup \{w\}, E-\{e\} \cup \{uw, vw\})$$
を，G の (e における) 細分という．一般に，G に有限回の細分を施して得られるグラフ G' を G の**細分** (subdivision) という．グラフ G が非平面的ならば，その細分 G' も明らかに非平面的であり，逆もまた正しい．この章の最初に K_5，$K_{3,3}$ が非平面的であることを証明したので，K_5，$K_{3,3}$ およびこれらの細分を部分グラフとして含むグラフは非平面的

であることがわかる．ペテルセングラフは $K_{3,3}$ の細分を含んでいるので，平面に辺の交差なく描くことはできない（図6.20）．

実は，この2つのグラフが平面的グラフを特徴付けているというのが，クラトフスキーの定理である：

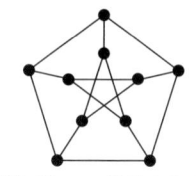

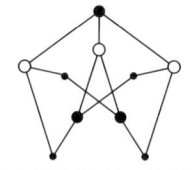

図6.20：ペテルセングラフの中にある $K_{3,3}$ の細分

定理［Kuratowski，1930］　グラフ G が平面的であるための必要十分条件は，G が K_5 または $K_{3,3}$ およびそれらの細分と同型な部分グラフをもたないことである．

（十分性）は明らかであるが，（必要性）の証明はかなり難しいので，本書では証明しない．この定理は，「平面性に対する障碍」が2つ存在することを示している．最近，同じような精神の定理がたくさん示されている．つまり，有限個の「障碍」を示すことで，あるグラフの性質 P をもつグラフの族を特徴付けるのである．その障碍は性質 P の**禁止グラフ**（forbidden graphs）と呼ばれている．

次の問題に挑戦してみてください．

問題1． グラフ $G=(V,E)$ の**交差数**（crossing number）を，G を平面上に単純図で表現した際の交差点の最小数で定義し，$cr(G)$ で表す．辺数 $|E|$ は有限であるから，単純図の定義より $cr(G)$ は有限の値をとる．この定義より，G が平面的であるための必要十分条件は，$cr(G)=0$ であることがわかる．

(1) $cr(K_5)=1$，$cr(K_{3,3})=1$ であることを確かめよ．

(2) $cr(K_6)=3$ を示せ．（Hint：まず K_6 の単純図で交差点が3個のものを描く（$cr(K_6) \leq 3$）．次に，この図の3つの交差点を頂点として加えて，9頂点の平面グラフを考え，定理6.4を適用してみる．かなり難しい．）

6.5　平面グラフの双対グラフ

平面グラフ $G=(V,E)$ に対して，G の**双対グラフ**（dual graph）と呼ばれる新しいグラフ $G^*=(V^*,E^*)$ を構成する．G の各面 $r \in R(G)$ に対して，G^* の頂点 $r^* \in V^*$ を対応させ，各辺 $e \in E$ に対して辺 $e^* \in E^*$ を対応させる．この際，e^* が頂点 r_1^* と r_2^* とを結ぶのは，e が面 r_1 と r_2 の共通の境界に現れる

場合とする.

辺 e が橋ならば，e の両側は同一の面であるから，この面を r とすると，e^* は頂点 r^* に接続するループとなる.

例6.2 図6.21は，平面グラフ G とその双対グラフ G^* である.

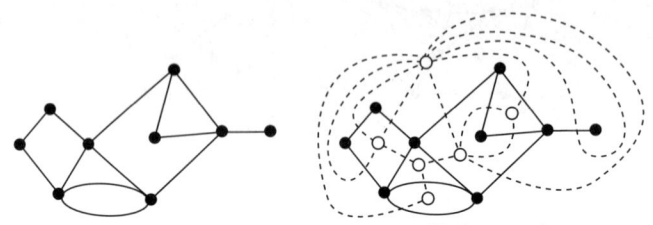

図6.21：平面グラフ G とその双対グラフ G^*

例6.3 図6.22は正八面体とその双対グラフである．双対グラフは正六面体グラフになっている.

例6.2からわかるように，面 $r \in R(G)$ の内部に1点を選んで頂点 $r^* \in V^*$ とし，辺 $e^* \in E^*$ は辺 e と1点で交差するように描くことによって，G^* は平面グラフとしての実現できます．また，G のループ e については，ジョルダンの閉曲線定理により，e の内部と外部に分割されるので，e^* は内部でできる双対グラフと外部でできる双対グラフをつなぐ橋となります.

双対グラフについて，定義から直ちにわかる性質を示しておきます.

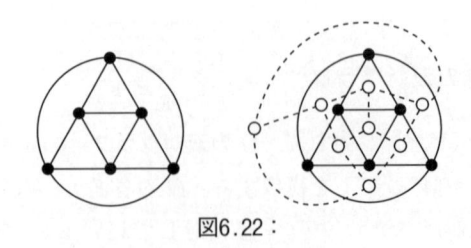

図6.22：

定理6.10 (1) 平面グラフ $G=(V, E)$ の双対グラフ $G^*=(V^*, E^*)$ は，(G が連結であろうとなかろうと）常に連結である．

(2) $G=(V, E)$ を連結な平面グラフとし，$G^*=(V^*, E^*)$ をその双対グラフとすると，次が成り立つ：

$|V^*|=|R(G)|$, $|E^*|=|E|$, $|R(G^*)|=|V|$.

証明． (1) 任意の2つの面 r_1, r_2 について，途中の辺を横断すれば一方から他方に到達できるので，G^* では r_1^* と r_2^* を結ぶ道がある．

(2) G は連結であるので，各面の境界は一つの閉歩道になっているので，その面は双対グラフでは一つの頂点が対応する．また(1)より双対グラフは連結であるので，双対グラフの各面の境界は一つの閉歩道になっているので，同様に頂点と対応する．□

定理6.11 $G=(V, E)$ を連結な平面グラフとすると，G は，その双対グラフ G^* の双対グラフ $(G^*)^*$ と同型である．

証明． 上で見たように，双対グラフ G^* の任意の面 r^* は少なくとも1つの G の頂点を含む．上の定理6.10より，G^* の面の個数と G の頂点数は等しいから，r^* の含む G の頂点は1つに限ることがわかる．したがって，$(G^*)^*$ の構成に際して，$(G^*)^*$ の頂点として，r^* に含まれる G の頂点を採用することができる．この選択により，求める同型写像を得る．□

練習問題

6.15 グラフとしては同型であるが，平面の描き方によって，それらの双対グラフが同型ではなくなるものを描きなさい．

6.16 正四面体は自分自身と双対である．連結な平面グラフ $G=(V, E)$ がその双対グラフ $G^*=(V^*, E^*)$ と同型になるとき，**自己双対** (self-dual) であ

るといわれる．

(1) 図6.23に示した3つの平面グラフは自己双対であることを示せ．

(2) 平面グラフ $G=(V, E)$ が自己双対ならば，$2|V|=|E|+2$ が成り立つことを証明せよ．

(3) 自己双対グラフは無限に存在することを示せ．

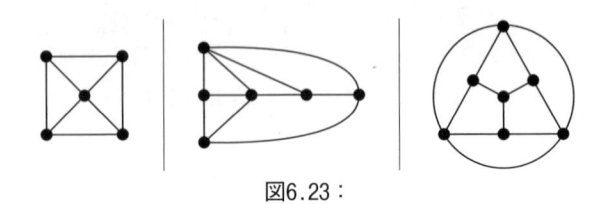

図6.23：

6.17 $G=(V, E)$ を連結な平面グラフとする．次を証明せよ：G が2部グラフであるための必要十分条件は，その双対グラフ $G^*=(V^*, E^*)$ がオイラーグラフであることである．

6.6 練習問題の解答とコメント

6.1 $|E|\geq 3$ で単純2部グラフなので，領域の次数は4以上の偶数である．領域の集合を R とし，次数 i の領域の個数を r_i とする；$|R|=r_4+r_6+r_8+\cdots$．すると，領域の次数と辺数の関係より，

$$2|E|=4r_4+6r_6+8r_8+\cdots \geq 4(r_4+r_5+r_8+\cdots)=4|R|.$$

これより，$|E|\geq 2|R|$ が得られる．これをオイラーの公式に代入すると，

$$2=|V|-|E|+|R|\leq |V|-|E|+\frac{1}{2}|E|=|V|-\frac{1}{2}|E|.$$

よって，$|E|\leq 2|V|-4$ が得られる．

6.2 $|V(K_{3,3})|=6, |E(K_{3,3})|=9$ であるので，練習問題6.1の不等式を満たさないので，$K_{3,3}$ は平面的グラフではない．

6.3 5都市を頂点としてこれらを直接結ぶ路線を辺としてグラフを構成すると，5頂点完全グラフであり，系6.5により，これは平面的ではないので，

立体交差をすることなく路線を引くことは不可能である.

6.4(1)　K_2, K_3, K_4 の 3 つだけである. K_5 は系6.5より, 平面的ではない. $n \geq 6$ について, K_n は K_5 を部分グラフとして含むので, 平面的ではない.

(2)　$K_{m,n}$ と $K_{n,m}$ は同型なので, $m \leq n$ として考察する.

任意の $n \geq 1$ について, $K_{1,n}$, $K_{2,n}$ が平面的であることは, 図6.24に示す.

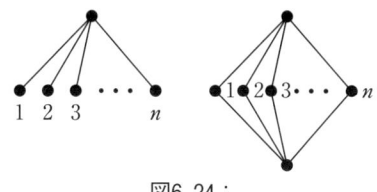

図6.24：

$m \geq 3$ の場合, $K_{m,n}$ は $K_{3,3}$ を部分グラフとして含むので, 練習問題6.2より, 平面的ではない.

6.5(1)　K_5 の任意の 2 辺 e, f について, $K_5 - e$ と $K_5 - f$ は同型であることがわかり, $K_5 - e$ は図6.25より平面的であることがわかる.

(2)　$K_{3,3}$ の任意の 2 辺 e, f について, $K_{3,3} - e$ と $K_{3,3} - f$ は同型であることがわかり, $K_{3,3} - e$ は図6.25より平面的であることがわかる.

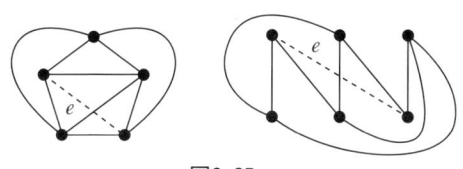

図6.25：

6.6(1)　系6.5と練習問題6.4(1)より, K_5 が臨界であり, 他には臨界なものはない. 実際, $n \geq 6$ について, K_n から任意の 1 辺 e を除去して得られるグラフ $K_n - e$ は K_5 を部分グラフとして含む.

(2)　練習問題6.2と練習問題6.4(2)より, $K_{3,3}$ が臨界であり, 他には臨界なものはない. 実際, 任意の $n > m \geq 3$ について, $K_{m,n}$ から任意の 1 辺 e を除去して得られるグラフ $K_{m,n} - e$ は $K_{3,3}$ を部分グラフとして含む.

(3) $G=G_1 \sqcup G_2 \sqcup \cdots \sqcup G_\omega$, $\omega \geq 2$, を G の連結成分への分解とすると，G が非平面的であるから，これらの連結成分のなかに少なくとも1つ非平面的なものが存在する．その1つを G_1 とすると，G_1 以外の任意の連結成分の頂点 v（あるいは辺 e）について，$G-v$（あるいは $G-e$）は G_1 を連結成分として含むので，非平面的である．

6.7 各連結成分で面を考えると，ある連結成分は他の連結成分の面の中にある．そこで，図6.26のように，連結成分を辺で結ぶ．この操作を連結グラフになるまで行う．このとき，頂点数と面数は変わらず，辺の数が $\omega(G)-1$ 本増える（厳密には面数が増えないことはジョルダン閉曲線定理を用いて示される）．したがって，与えられた等式が成り立つ．

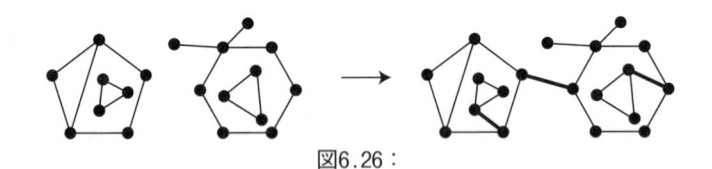

図6.26:

6.8 4-正則であるから，握手の補題（定理1.1）より，$4|V|=2|E|$ が成り立つ．一方，G は連結な平面グラフであるから，オイラーの公式から，$|V|-|E|+|R|=2$ が成り立つ．これに，条件 $R=10$ 代入して，$|V|$, $|E|$ の連立方程式を解くと，$|V|=8$, $|E|=16$ を得る．8頂点のグラフというと正六面体グラフが思い浮かぶ．これは3-正則だから，4-正則になるように，$|E|=16$ になるように，4本の辺を追加して，図6.27のグラフを得る．

6.9(1) すべての $v \in V$ について $deg(v) \geq 5$ ならば，定理6.7の不等式から，
$$n_5 \geq n_7 + 2n_8 + \cdots + (t-6)n_t + 12$$
を得るが，$n_7, n_8, \cdots, n_t$ は非負整数だから，$n_5 \geq 12$ を得る．$|V| \leq 11$ の範囲では，この不等式は成立しない．

(2) $|E|=29$ のとき，定理6.4より，$29 \leq 3|V|-6$ が成立する．よって，$3|V| \geq 35$ となるので，$|V| \geq 12$ である．

6.10(1) 条件より，$n_1=n_2=n_3=n_4=0$ を定理6.7の不等式に代入すると，

第6章 平面グラフ　145

$$n_5 \geq n_7 + 2n_8 + \cdots + (t-6)n_t + 12$$

を得るが，$n_7, n_8, \cdots, n_t$ は非負整数だから，$n_5 \geq 12$ を得る．

(2) 条件より，$n_1 = n_2 = 0$ で，$n_7, n_8, \cdots, n_t$ が非負整数であることを考慮すると，次の不等式を得る：

$$3n_3 + 2n_4 + n_5 \geq 12.$$

また，$3n_3 + 3n_4 + 3n_5 \geq 3n_3 + 2n_4 + n_5$ であるので，$n_3 + n_4 + n_5 \geq 4$ を得る．

6.11 条件 $|V|=12, |E|=30$ を定理6.4に代入してみると，$30 \leq 3 \times 12 - 6 = 30$ で等号が成立しているので，すべての面は三角形である．

6.12 図6.28のようなグラフがある．

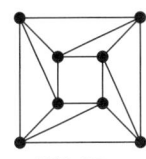

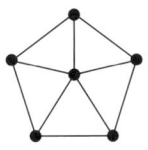

図6.27：　　　　　　　図6.28：

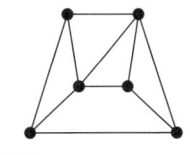

6.13 (1) (前半) 次数 i の面（i 角形）の個数を r_i とすると，$r = r_3 + r_4 + r_5 + \cdots$ で，辺数と面数の関係から，次を得る：

$$2q = 3r_3 + 4r_4 + 5r_5 + \cdots \geq 3(r_3 + r_4 + r_5 + \cdots) = 3r.$$

(後半) 多面体グラフにおいては，任意の v について，$deg(v) \geq 3$ であるから，握手の補題（定理1.1）より，$2q = \sum_{v \in V} deg(v) \geq 3p$ が成り立つ．

(2) (前半) オイラーの多面体公式（定理6.2）から，$p - q + r = 2$．また，定理6.4から，$q \leq 3p - 6$．この2式から q を消去すると，$p - (3p-6) + r \leq 2$．これを整理すると，$4 + r \leq 2p$．

(後半) (1)の後半をオイラーの多面体公式 $2p - 2q + 2r = 4$ に代入して q を消去すると，$2p - 3p + 2r \geq 4$．これを整理して，$2r \geq p + 4$．

(3) オイラーの多面体公式 $3p - 3q + 3r = 6$ と上の(1)の後半 $2q \geq 3p$ から p を消去すると，$2q - 3q + 3r \geq 6$．整理して，$3r - 6 \geq q$．（**注：**）これは定理6.4の多面体版である．次節6.4の双対グラフで考えると自明な結果となる．

(4) 定理6.4より，$2q \leq 6p-12$．これに(1)の後半 $2q \geq 3p$ をつなげて，$3p \leq 6p-12$．したがって，$12 \leq 3p$ から，$4 \leq p$．

$r \geq 4$ の証明も同様である．これを用いれば，$q \geq 6$ はただちにわかる．

6.14 $|E|=25$, $|R|=10$ は練習問題6.13(3)をみたさない．

6.15 例えば，図6.29のようなグラフは双対グラフが異なる．双対が同型にならないことは，左側のグラフでは，左の双対グラフには次数5の頂点が存在するが，右の双対グラフには次数5の頂点が存在しないことからわかる．右側のグラフでは，左の双対グラフには次数6の頂点が存在するが，右の双対グラフには次数6の頂点が存在しないことからわかる．

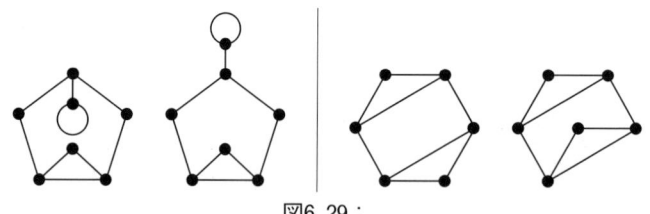

図6.29:

図6.29のグラフは左側は1-点連結であり，右側は2-点連結である．左側では，その切断頂点から先の部分をある面の中に入れたり外に出したりして，双対が同型でないグラフが構成されている．右側では，2頂点の除去するとグラフが非連結になるところでひっくり返すと，異なる平面グラフとなり，双対が同型でないグラフが構成される．

実際，3-点連結平面的グラフは球面上に一意的に平面グラフとして表現されることが知られている．したがって，平面グラフのどの双対グラフも同型になる．多面体のグラフは3-点連結平面的グラフである．

6.16(1) 図6.30には，それぞれの双対グラフを示す．これらが元のグラフと同型であることは，頂点のラベルからわかる．

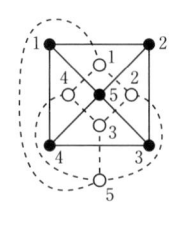

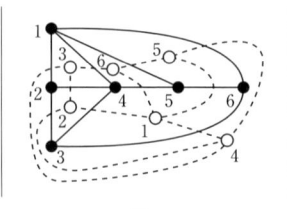

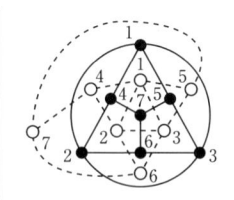

図6.30：

(2) $G=(V, E)$ の双対グラフを $G^*=(V^*, E^*)$ とし，それぞれの面の集合を R, R^* とすると，$|V|=|R^*|, |E|=|E^*|, |R|=|V^*|$ であるから，$|V|=|R|$ が成り立つ．オイラーの多面体公式 $|V|-|E|+|R|=2$ に代入して整理すると，$2|V|=|E|+2$ となる．

(3) いろいろあるが，(1)の例から想像されるように，車輪グラフ $W_n, n \geq 4$, はその双対グラフが再び W_n となる．他の例からも無限に続く系列が存在することがわかる．

6.17 G が 2 部グラフならば，定理3.1より，G には奇サイクルはないので，G^* のすべての頂点の次数は奇数でない；つまり，偶数となる．オイラーの定理（定理2.1）より，G^* はオイラーグラフである．逆に，G^* がオイラーグラフならば，定理2.1より，G^* のすべての頂点の次数は偶数である．したがって，G のすべての面の次数は偶数である．よって，G には奇サイクルは存在しない．よって，定理3.1により，G は 2 部グラフである．

談話室　多面体の展開図

多面体の展開図は，小中学校で扱われる．多面体において，面のつながり方に着目し，グラフを構成する．これによって，展開図の組み立て方がわかったり，複雑な多面体の展開図もつくれるようになったりする．

各面に名前をつけ頂点とし，面と面が繋がっているときに限りそれらの面を表す頂点を辺で結び，グラフをつくり，これを**面のつながり方グラフ**と呼ぶ（図6.31）．このグラフでは，対応がわかりやすいように頂点を面の形にし，繋がっている辺を辺で結んである．図6.31のグラフにおいて，頂点の次数が辺を共有している面の数や面の形を表していること，グラフの辺で囲まれている領域が多面体の頂点に集まっている面の数を表していること

と，向かい合う平行な面は辺で結ばれていないこと，グラフの辺の数は多面体の辺の数と等しいこと（つまり，多面体の辺は面と面をつなげることで生まれる）などをわかる．

展開図のグラフは，展開図で繋がっている面を表している頂点を辺で結び，グラフをつくる（図6.32）．どの展開図のグラフにも，無限に広がる面しかなく，グラフとして木であるので，(頂点の数)＝(辺の数)＋1 が成り立っていることがわかる．

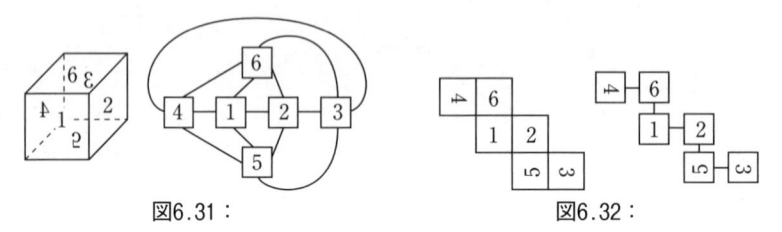

図6.31：

図6.32：

展開図を組み立てたときに，どの辺がどの辺と重なるかは，多面体の面のつながり方に注目すればわかる．例えば，図6.32の立方体の展開図では，面1と4，1と5，2と6，2と3が辺を共有することがわかり，さらに立方体のグラフでは各領域が3辺形であることを考えれば，図6.33のように各面がつながることがわかる．また，立方体ができるということが予想できない場合でも，面1と4などが辺を共有することは，面1，6，4でできた角には他の面が入らないことからわかる．

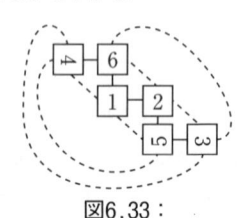

図6.33：

多面体が与えられたとき，展開図をつくるには，辺を少しずつ切り開いていった様子を想像しながらつくる方法がある．しかし，簡単な多面体は想像することができるが，この方法では複雑な多面体の展開図をつくることは容易ではない．多面体の面のつながり方グラフを考えると，グラフの辺を閉じた領域がなくなるように切っていけば，展開図が得られるということになり，複雑な多面体の展開図をつくることができる．また，まず各面をばらばらに考え，順に作りたい多面体の面のつながり方グラフに着目して面をくっつけて展開図をつくるという方法がある．この方法は，多面体の面を表す頂点を辺で結んでいく方法である．このように，面のつながり方グラフは，展開図を作るときの設計図になる．

第7章

彩色問題

この章では，グラフの頂点や辺に色を塗る問題を考えます．「色を塗る」とは⁈と思うでしょうが，ある条件のもとで色分けするわけで，思い掛けない応用も見い出せます．グラフ理論における最初の彩色問題は，地図の塗り分けで，四色問題・四色定理として広く知られています．これについては章の後半で紹介します．

7.1 頂点彩色

次の問題を考えます．

問題7.1 ある地区にラジオ局が図7.1のように11局あり，それぞれのラジオ局は局から半径3km圏内に電波を発信して情報を伝えている．このとき，なるべく少ない周波数をラジオ局に割り当てたい．いくつの周波数があれば十分であるか．ここで，2つの局からちょうど3kmの地点は両方の電波を受け取ることとする．図7.1の破線の格子の間隔は1kmである．

このままでは，どことどこと異なる周波数にしたらよいのか明らかではないので，各ラジオ局から半径3kmの円を描きます（図7.2）．各ラジオ局の距離を三平方の定理を用いて計算してもよいですが，今回は地図が与えられているので，円を描いたほうが簡単です．

さて，ここから問題をグラフにして考えます．各ラジオ局を頂点として，あ

る地点で2つのラジオ局を同時に聞ける場合，そのラジオ局の頂点を辺で結びます．この問題は，隣接している頂点に異なる周波数を割り当てればよいことになります．このような問題を，グラフの頂点彩色といいます．そして，この問題は，周波数は4つで十分であることがわかります．これを正確に示すために，グラフの言葉で定義を与え，性質を紹介します．

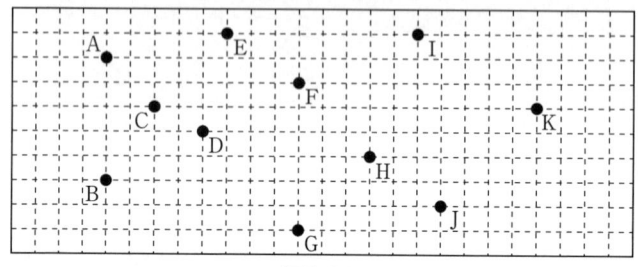

図7.1:

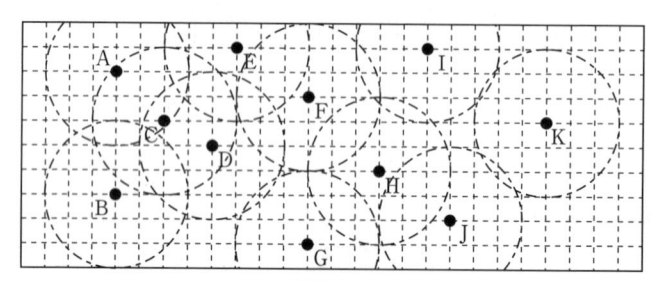

図7.2:

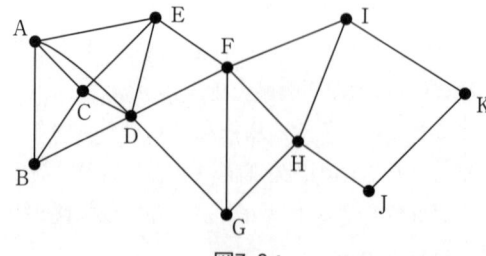

図7.3:

グラフ $G=(V, E)$ の**頂点彩色**（vertex coloring）とは，V の各元（頂点）に色を対応させて，

　　　隣接するどの2頂点も同色にならない

ようにすることである．

通常，色を数字で表す．すると，k-色による頂点彩色とは，

　　　写像 $c : V \to \{1, 2, 3, \cdots, k\}$ であって，

　　　条件(c) $e = uv \in E \Longrightarrow c(u) \neq c(v)$

をみたすものをいい，縮めて k-**頂点彩色**という．また，k-頂点彩色が存在するとき，G は k-**頂点彩色可能**（k-vertex colorable）であるという．

グラフ $G=(V, E)$ の頂点彩色に必要な色の最小数を G の**頂点彩色数** (chromatic number) といい，$\chi(G)$ で示す．（χ はギリシャ文字で，カイと読む．）

$\chi(G) = k$ とは，G は k 色で彩色可能で，$(k-1)$ 色では彩色不可能であることを意味します．つまり，条件(c)をみたす写像 $c : V \to \{1, 2, 3, \cdots, k\}$ は存在しますが，条件(c)をみたす写像 $c : V \to \{1, 2, 3, \cdots, k-1\}$ は存在しません．また，$\chi(G) = k$ ならば，G は任意の $h \geq k$ について，h-彩色可能です．一般に，辺の数が少ないほど，頂点彩色数も小さくなります．

また，写像 c を使用することは少なく，実際にはグラフの各頂点のそばに色を表す数字を書き込むことになります．

定義から，頂点彩色は，**ループをもたない**グラフでのみ考えます．また，頂点どうしが隣接しているか否かだけが問題なので，単純グラフで考察すれば十分です．以下，この「頂点彩色」の節では「グラフ」はすべて単純グラフです．

例7.1 図7.3の頂点彩色を与えると，例えば，図7.4の4-頂点彩色がある．また，3-頂点彩色は可能ではない．なぜなら，A，C，D，E の4頂点は完全グラフになっているので，ここで4色が必要となる．

図7.4：

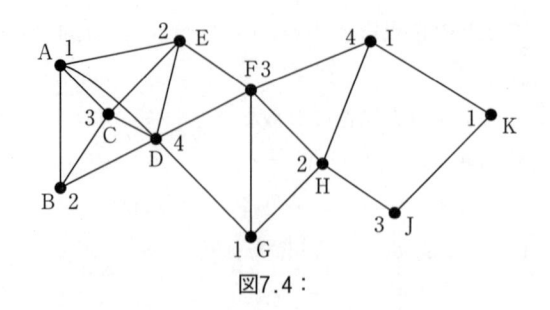

定義から直ちにわかる事実を定理としてまとめておきます．基本的なものばかりで，今後いちいち断らずに使用することがあります．

定理7.1 単純グラフ $G=(V, E)$ について，次が成り立つ：

(1) $G=(V, \phi) \Longleftrightarrow \chi(G)=1$
(2) $G=K_n \Longleftrightarrow \chi(G)=n$.
(3) $G=G_1 \sqcup G_2 \sqcup \cdots \sqcup G_\omega$; G_i は連結成分
　　$\Longrightarrow \chi(G)=\max\{\chi(G_1), \chi(G_2), \cdots, \chi(G_\omega)\}$
(4) G の任意の部分グラフ H について，$\chi(H) \leq \chi(G)$．
(5) $1 \leq \chi(G) \leq |V|$.

証明． (1) グラフに辺がなければ1色で塗ることができ，辺があれば1色で塗ることができないことからわかる．

(2) ($\Longrightarrow$) 完全グラフは各頂点が隣接しているため，すべての頂点に異なる色を塗らないといけないことからわかる．

($\Longleftarrow$) 完全グラフでないグラフには隣接していない頂点の組が存在する．それを同じ色に塗り，他の頂点を異なる色で塗れば頂点彩色が得られるので，完全グラフでないグラフの彩色数は n 未満である．

(3) 異なる連結成分同士は辺で結ばれていないので，同じ色を使うことができる．したがって，最大の彩色数をもつ連結成分の彩色数がもとのグラフの彩色数となる．

(4) G の彩色を与える．それと同様に H の頂点に色を塗れば，これは H の彩色になる．

(5) すべての頂点に異なる色を塗れば，頂点彩色を与えられる．□

例7.2 サイクルについて，$\chi(C_{2n})=2$, $\chi(C_{2n-1})=3$ である．このことは，まず辺があるので 2 色目が必要で，偶サイクルの場合はうまく 2 色で塗れるが，奇サイクルの場合は 2 色で塗っていくと最後の頂点は 1 でも 2 でも塗れず 3 色目が必要になることからわかる．

例7.3 車輪グラフについて，$\chi(W_{2n})=4$, $\chi(W_{2n-1})=3$ である．車輪グラフは，サイクルに 1 頂点加えたグラフである．$2n$ の場合，サイクルは奇サイクルなので，それを塗るのに 3 色必要となり，加える 1 頂点はサイクルのどの頂点とも隣接するので，4 色目が必要となる．$2n-1$ の場合も同様に考えるとわかる．

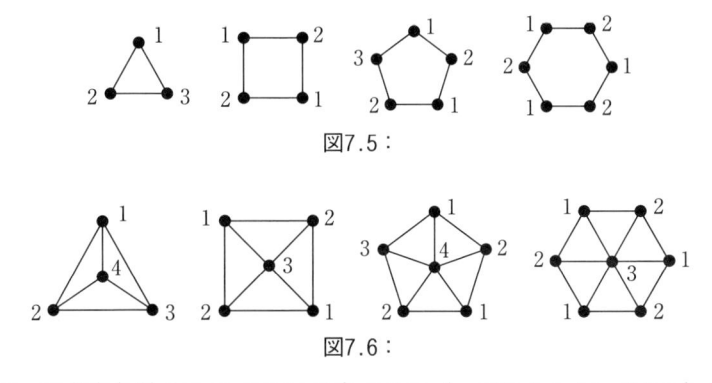

図7.5:

図7.6:

さて，頂点彩色数が 1 のグラフは空グラフ（= 辺をもたないグラフ）だけであり，1 本でも辺をもつグラフの頂点彩色数は 2 以上となります．次は，頂点彩色数が 2 のグラフの特徴付けとしてよく知られているものです．

定理7.2 $G=(V, E)$ を空でないグラフとする（; $E \neq \emptyset$）．$\chi(G)=2$ である

ための必要十分条件は，G が 2 部グラフであることである．

証明． ($\Longrightarrow$) $\chi(G)=2$ ならば，V は隣接しているものどうしは異なるように 2 色で彩色することができる．X を色 1 が塗られた頂点の全体とし，Y を色 2 が塗られた頂点の全体とすると，任意の辺は X の頂点と Y の頂点を結ぶことになる．よって，G は 2 分割 $V=X\cup Y$ をもつ 2 部グラフである．

($\Longleftarrow$) G を 2 分割 $V=X\cup Y$ をもつ 2 部グラフとする．X のすべての頂点に色 1 を塗り，Y のすべての頂点に色 2 を塗ると，これは G の 2-頂点彩色となる．□

第 3 章の第 2 節で述べた「2 部グラフ」の定義に従うと，頂点数が 2 以上の空グラフは 2 部グラフとなります（2 分割は，一般に一意的ではない）．しかし，このようなグラフはあえて 2 部グラフとして取り扱う必要はほとんどないので，$\chi(G)=2$ のグラフを 2 部グラフと定義することがあります．

上の定理7.2と定理3.1を合わせることによって，次が得られます．

定理7.3 グラフ $G=(V,E)$ について，次が成り立つ：
$\chi(G)\geq 3 \Longleftrightarrow G$ は奇サイクルを含む．□

$\chi(G)\geq 3$ 関しては，$\chi(G)=2$ の場合のような，容易な特徴付けは存在しません．2 部グラフの一般化として，次の定義が有効なことがあります：

整数 $k\geq 2$ について，グラフ $G=(V,E)$ は $\chi(G)=k$ のとき，**k 部グラフ**（k-partite graph）と呼ぶ．G に k-頂点彩色を与えたとき，色 1 を塗った頂点の集合を X_1，色 2 を塗った頂点の集合を X_2, $\cdots$, 色 k を塗った頂点の集合を X_k とすると，
$$V=X_1\cup X_2\cup\cdots\cup X_k,\ X_i\cap X_j=\emptyset(i\neq j)$$
となる．このような $X_1, X_2, \cdots, X_k$ を G の **k 分割**（k-partition）という．

k 部グラフ $G=(V,E)$ が**完全 k 部グラフ**（complete k-partite graph）であるとは，G が単純グラフであって，G の k 分割 $X_1, X_2, \cdots, X_k$ が存在して，次

の条件をみたす場合をいう：

　　　任意の $x_i \in X_i$ と任意の $x_j \in X_j$ について，$x_i x_j \in E (i \neq j)$

特に，$|X_i|=m_i (i=1, 2, \cdots, k)$ のとき，その完全 k 部グラフ（の同型類）を

　　　$K_{m_1, m_2, \cdots, m_k}$

で表す．

　グラフ $G=(V, E)$ が与えられたとき，$1 \leq \chi(G) \leq |V|$（定理7.1）で $|V|$ は有限ですから，すべての場合を調べ尽くせば $\chi(G)$ は決定できるはずです．しかし，頂点数が大きくなれば，場合の数が大きすぎて，調べ尽くすのは大変であり，今のところ $\chi(G)$ を決定する一般的で有効なアルゴリズムは存在しません．

　（注：$\chi(G)$ を決定するアルゴリズムはありませんが，合理的な範囲で，$\chi(G)$ の近似値を求めるアルゴリズムはいくつか工夫されています．）そこでまず，頂点彩色数 $\chi(G)$ の上限を与える定理を紹介します．そのために，言葉を一つ用意します．

　グラフ $G=(V, E)$ に対して，

　　　$\Delta(G) = \max \{deg(v) | v \in V\}$

を G の**最大次数**（maximum degree）という．これはグラフの中の最大の次数の値です．

定理7.4　任意のグラフ $G=(V, E)$ について，次が成り立つ：
　　　$\chi(G) \leq \Delta(G)+1$

証明．　グラフの頂点数 $n=|V|$ に関する数学的帰納法で証明する．

　（帰納法の基礎）$n=1$ の場合は，$G=K_1$ であり，したがって，$\chi(G)=1$，$\Delta(G)=0$ であるから，定理は成り立つ

　（帰納法の仮定）$n \geq 2$ とし，頂点数が $n-1$ 以下のグラフについて，定理が成り立つと仮定する．

　$G=(V, E)$ を頂点数 $n=|V|$ のグラフとする．1 頂点 $v \in V$ を選ぶ．$G-v$

の頂点数は $n-1$ であるから，帰納法の仮定より，$\chi(G-v) \leq \Delta(G-v)+1$ が成立する．そこで，$G-v$ を $\Delta(G-v)+1$ 色で頂点彩色する．この彩色を G の頂点彩色に拡張できることを示す．つまり，v にうまく色を塗り，G の彩色が得られることを示す．

(1) $\Delta(G)=\Delta(G-v)$ のとき：$deg(v) \leq \Delta(G)$ だから，$\Delta(G)+1$ 色の中に v と隣接している頂点には使っていない色が少なくとも一色あるので，この使ってない色を v に塗ることで G の $\Delta(G)+1$ 色の彩色を得る．

(2) $\Delta(G) \neq \Delta(G-v)$ のとき：必然的に $\Delta(G-v) < \Delta(G)$ であるから，v にまったく新しい色を塗ることにより G の $\Delta(G-v)+2$ 色の頂点彩色を得る．そして，$\Delta(G-v)+2 \leq \Delta(G)+1$ である．

したがって，いずれにしても $\chi(G) \leq \Delta(G)+1$ が成立する．□

さらに次も証明されます（証明はかなり難しいので省略する）：

定理7.5 $G=(V, E)$ を連結なグラフとし，$\Delta(G) \geq 3$ であるとする．G が完全グラフでなければ，$\chi(G) \leq \Delta(G)$ が成り立つ．□

上の2つの定理によって，頂点彩色数 $\chi(G)$ の上界はかなり厳しく評価されることになりましたが，車輪グラフの例で見られるように，$\chi(G)$ と $\Delta(G)$ の間には相当の差がみられる場合があります．

一般に，$\chi(G)=k$ であることを決定しようとする場合，車輪グラフの例7.3で見たように，次の2つの作業を実行することになります：

(1) k 色で実際に彩色する．
(2) $\chi(H)=k$ である部分グラフ H を探す．

(1)は $\chi(G) \leq k$ の主張であり，(2)は $\chi(G) \geq k$ の主張である．

このあたりの事情を例で考察してみましょう．

例7.4 図7.7で示したグラフ G の彩色数は？

図7.7:

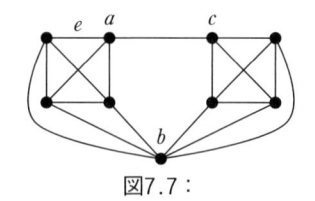

このグラフ G は K_4 と同型な部分グラフを含むから，$\chi(G) \geq 4$ である．そこで G を4色で彩色してみよう．左側の部分グラフ K_4 を1, 2, 3, 4で彩色する；特に頂点 a には色1を塗るとしてよい．すると頂点 b には色1を塗らねばならない．実際，b は左側の a 以外の3頂点と隣接しているからである．同じ理由で，頂点 c には色1を塗らねばならない．しかし，c は a と隣接しているので，これは許されない．したがって，$\chi(G) \geq 5$ である．

一方，G を5色で彩色するのは容易である．例えば，上の続きで，c には色5を塗り，残りの3頂点には色2, 3, 4を塗ればよい．

ところで，上の G の彩色の仕方から，次の部分グラフ $G-a$, $G-e$ については，$\chi(G-a)=4$, $\chi(G-e)=4$ であることがただちにわかる．

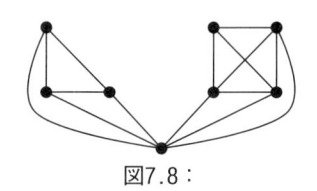

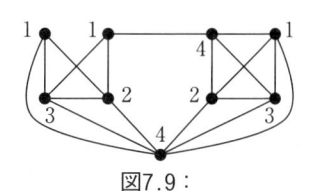

図7.8:　　　　　　　図7.9:

ここで一つ言葉を導入する．グラフ $G=(V, E)$ のすべての真部分グラフ $H=(U, F)$ について $\chi(H)<\chi(G)$ であるとき，G は頂点彩色に関して**臨界** (critical) であるという．

この定義において，「すべての真部分グラフ H」について…としましたが，考察すべき辺が無い特殊な場合を除いて，定理7.1(4)を適用することにより，次のように定義しても同値です．すべての辺 $e \in E$ について，$\chi(G-e)<\chi(G)$ であるとき，G は頂点彩色に関して臨界である．

例7.5 上の例7.4で与えた図7.7のグラフ G は頂点彩色に関して臨界である.

実際，グラフの対称性から，図7.10に示した4つの辺 e, f, g, h について，$\chi(G-e)<5, \chi(G-f)<5, \chi(G-g)<5, \chi(G-h)<5$ を確かめれば十分です.$\chi(G-e)=4$ は上の図7.9で既に確認しました．残りも容易に確かめられるので，演習問題とします.

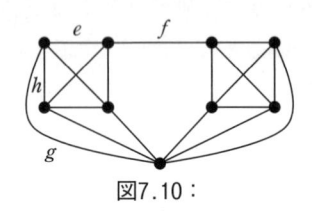

図7.10：

定理7.6 任意のグラフ $G=(V, E)$ は，$\chi(H)=\chi(G)$ であるような，頂点彩色に関して臨界な部分グラフ H を含む.

証明. もし G が頂点彩色に関して臨界ならば，$H=G$ とすれば，定理は成り立つ. G が臨界でないならば，G の真部分グラフ H_1 が存在して，$\chi(H_1)=\chi(G)$ となる.H_1 が臨界ならば，$H=H_1$ とおくことによって証明が終る.H_1 が臨界でないならば，H_1 の真部分グラフ H_2 が存在して，$\chi(H_2)=\chi(H_1)=\chi(G)$ となる．この操作を続ける．G は有限だから，ある k が存在して，頂点彩色に関して臨界な部分グラフ H_k を得る．そこで，$H=H_k$ とすればよい． □

注：1頂点だけからなるグラフ K_1 には真部分グラフが存在しないので，頂点彩色に関して臨界であると考える.

ここから，頂点彩色について「臨界」なグラフに関する話題をいくつか提供します.

定理7.7 グラフ $G=(V, E)$ が頂点彩色に関して臨界ならば，次が成り立

つ：

(1) G は連結である．

(2) 頂点の次数は少なくとも $\chi(G)-1$ である；$\forall v \in V(deg(v) \geq \chi(G)-1)$．

証明．(1) 背理法で証明する．G が連結でないと仮定すると，定理7.1(3)より，G の連結成分 H が存在して，$\chi(H)=\chi(G)$ である．すると，任意の頂点 $v \in V-V(H)$ について，$\chi(G-v)=\chi(H)=\chi(G)$ が成立する．これは G が頂点彩色に関して臨界であることに反する．したがって，G は連結でなければならない．

(2) こちらも背理法で証明する．定理が誤りであると仮定する．すると，$deg(v) \leq \chi(G)-2$ である頂点 $v \in V$ が存在する．G が頂点彩色について臨界だから，$\chi(G-v) \leq \chi(G)-1$ である．$G-v$ を $\chi(G)-1$ 色で彩色する．v は高々 $\chi(G)-2$ 個の頂点と隣接しているだけであるから，$\chi(G)-1$ 色のうちの少なくとも1つの色は v に塗れるように残されている．したがって，$G-v$ の $\chi(G)-1$ 色の彩色を拡張して，G が $\chi(G)-1$ 色で彩色できることになる．これは矛盾である．よって，各頂点の次数は少なくとも $\chi(G)-1$ である．□

定理7.8 グラフ $G=(V,E)$ が頂点彩色について臨界ならば，次が成り立つ：

$$(\chi(G)-1)|V| \leq 2|E|.$$

証明． 上の定理7.7(2)より，任意の頂点 $v \in V$ について，$deg(v) \geq \chi(G)-1$ である．したがって，頂点の次数の総和は少なくとも $(\chi(G)-1)|V|$ である．握手の補題（定理1.1）より，

$$(\chi(G)-1)|V| \leq \sum_{v \in V} deg(v) = 2|E|. \quad \square$$

定理7.9 $G=(V,E)$ を頂点彩色に関して臨界なグラフとすると，次が成り立つ：

(1) G が次のような部分グラフ $G_1=(V_1, E_1)$, $G_2=(V_2, E_2)$ に分解されることはない：

(*) $G=G_1\cup G_2=(V_1\cup V_2, E_1\cup E_2)$,
$G_1\cap G_2=(V_1\cap V_2, E_1\cap E_2)$ が完全グラフ.

ただし，$V_1\cap V_2=\emptyset$ の場合は，$G_1\cap G_2$ は考えないものとする.

(2) $\chi(G)\geq 2$ の場合，G は切断頂点をもたない；$\omega(G)\geq 2$.

証明. (1) グラフ G が 2 つの部分グラフ G_1, G_2 に条件(*)をみたすように分解されたとし，ある自然数 m について，$G_1\cap G_2=K_m$ であるとする. G が頂点彩色に関して臨界だから，$\chi(G_1)\leq\chi(G)-1$, $\chi(G_2)\leq\chi(G)-1$ である. G_1, G_2 を，それぞれ，$\chi(G_1)$ 色，$\chi(G_2)$ 色で頂点彩色すると，$G_1\cap G_2=K_m$ は完全グラフだから，$G_1\cap G_2$ の部分の色はすべて異なる（つまり，m 色が使われる）．したがって，もし必要ならば G_2 の頂点彩色を塗り替えて，G_1 の頂点彩色と G_2 の頂点彩色は $G_1\cap G_2$ の部分では一致するようにできる．したがって，$\chi(G)=\max\{\chi(G_1),\chi(G_2)\}\leq\chi(G)-1$ となり，矛盾を生ずる．したがって，条件(*)をみたすような分解は存在しない.

(2) 定理7.7(1)より，G は連結である．ある頂点 $v\in V$ が存在して，$G-v$ が非連結となったと仮定する．$G-v$ の連結成分の 1 つを H_1 とし，残りの連結成分をすべて合わせて H_2 とする；$G-v=H_1\cup H_2$, $V(H_1)\cap V(H_2)=\emptyset$. そこで，$V(H_1)$ と v から誘導される G の部分グラフを G_1 とし，$V(H_2)$ と v から誘導される G の部分グラフを G_2 とする；

$G_1=(V(H_1)\cup\{v\}, E(H_1)\cup\{uv\in E|u\in V(H_1)\})$,
$G_2=(V(H_2)\cup\{v\}, E(H_2)\cup\{wv\in E|w\in V(H_2)\})$,

すると，(*) $G=G_1\cup G_2$, $G_1\cap G_2=\{v\}=K_1$ となり，条件(*)をみたすような G の分解が得られる．これは(1)に反し，したがって，$G-v$ は非連結ではあり得ない．□

練習問題

7.1 整数 $k \geq 2$ について, k 分割 $X_1, X_2, \cdots, X_k$, $|X_i|=m_i$ をもつ完全 k 部グラフ $K_{m_1, m_2, \cdots, m_k}$ の辺数はいくつか？

7.2 完全 k 部グラフは, $K_{1,1,\cdots,1}=K_k$ の場合を除いて, 完全グラフではないことを示せ.

7.3 $G=(V, E)$ を連結なグラフとする. 定理7.4と定理7.5を利用して, 次を示せ：
$\chi(G)=\Delta(G)+1 \iff G$ が完全グラフか, または奇サイクルである.

7.4 次の図7.11で示したグラフは頂点彩色に関して臨界であることを示せ.

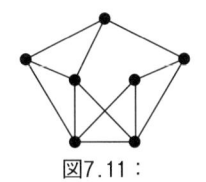

図7.11：

7.5 次の図7.12に示したグラフ G_1, G_2 の頂点彩色数を決定し, 頂点彩色に関して臨界であることを示せ.

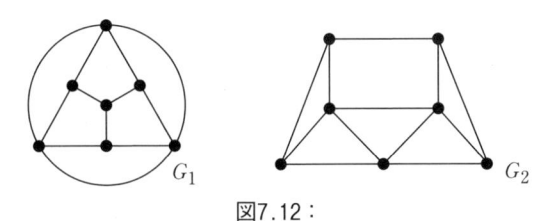

図7.12：

7.6 頂点彩色数が3で, 頂点彩色に関して臨界なグラフは奇サイクル（長さが奇数のサイクル）C_{2n+1} だけであることを証明せよ.

7.7 奇サイクルを含まない頂点数6の単純グラフで，辺数が最大のものを見つけよ．

7.8 3人の婦人 a, b, c と3人の紳士 x, y, z が6席の円卓を囲んで座る．紳士は必ず両側に婦人が来るように座るとすれば，幾通りの座り方があるか？
(Hint：これをグラフ理論の言葉でいうと，次のようになる：完全2部グラフ $K_{3,3}$ には長さ6のサイクル C_6 が幾つあるか？)

7.2 辺彩色

第1章では，卓球の試合の組合せについてグラフを用いて考察しました．これをもとに，次の問題を考えましょう．

問題7.2 6人 (A, B, C, D, E, F) が卓球の試合を総当たりで行います．卓球台が3台あります．どのような試合の予定を組めば，総当たり戦がスムーズに進行するでしょうか．

この問題をグラフで考えると，第1章で扱ったようになり，頂点は選手，辺は試合を表しています．1試合目に行う試合（辺）に1とラベルし，2試合目に行う試合に2とラベルしていき，すべての辺がラベルできれば，試合は完了することになります．このとき，1人の選手は同時に2試合することはできないので，1とラベルされる辺同士は頂点を共有しないことが条件になります．適当にグラフの辺にラベルすると，図7.13の右のようになりました．このグラフの進行だと，6試合目まで行うことになります．各頂点の次数が5なので，5試合目まで行わなければいけないことは明らかですが，6試合目まで行う必要はあるでしょうか．このグラフでは，A と B は6試合目，C と F は4試合目，D と E は5試合目に休憩が入っています．また，C と F は3試合目で戦っているため，4試合目に行うことはできません．

実は，うまく試合の組合せを考えると，5試合目までに試合を完了すること

ができます．それは定理7.11で示します．今から，この問題をグラフとして扱うため，辺彩色の定義を与え，性質を紹介します．

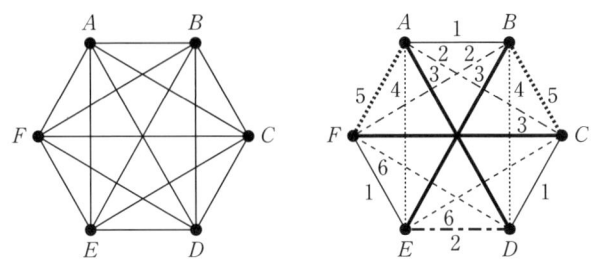

図7.13：

この節では，前節の頂点に変えて，グラフの辺に色を塗ることを考えます．グラフ $G=(V, E)$ の2辺 e, f が**隣接する** (adjacent) とは，e と f とが共通の頂点に接続している状況であったことを思い出しましょう．頂点彩色の場合と同様に，この節でも取り扱うグラフはすべて**単純グラフ**とします．

$G=(V, E)$ を $E \neq \emptyset$ なるグラフとする．G の**辺彩色** (edge coloring) とは，E の各元（辺）に色を対応させて，

隣接するどの2辺も同色にならない

ようにすることである．

辺彩色の場合も，通常，色を数字で示す．すると，k-**色による辺彩色**とは，

写像 $c': E \to \{1, 2, 3, \cdots, k\}$ であって，

条件 (c') $e, e' \in E$ が隣接 $\Longrightarrow c'(e) \neq c'(e')$

をみたすものをいい，縮めて k-**辺彩色**という．また，k-辺彩色が存在するとき，G は k-**辺彩色可能** (k-edge colorable) であるという．

グラフ $G=(V, E)$ の辺彩色に必要な色の最小数を G の**辺彩色数** (edge cromatic number) といい，$\chi_e(G)$ で表す．

この定義より，次のことが直ちにわかります．証明は頂点彩色の定理7.1と同様に行えるので省略します．

定理7.10 単純グラフ $G=(V, E)$ について，次が成り立つ：

(1) $\Delta(G) \leq \chi_e(G) \leq |E|$，

(2) $G = G_1 \sqcup G_2 \sqcup \cdots G_\omega$; G_i は連結成分
$\implies \chi_e(G) = \max\{\chi_e(G_1), \chi_e(G_2), \cdots, \chi_e(G_\omega)\}$

(3) G の任意の部分グラフ H について，$\chi_e(H) \leq \chi_e(G)$. □

例7.6 辺彩色の場合も，グラフの図の辺の近くに数字を書き込んで示す．

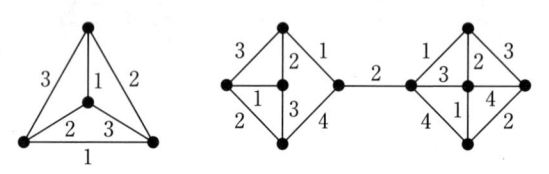

図7.14：

完全グラフの辺彩色数から調べてみましょう．これによって，スムーズな進行の総当たり戦の組合せを作ることができます．

定理7.11 (1) $\chi_e(K_{2n}) = 2n-1 = \Delta(K_{2n})$，
(2) $\chi_e(K_{2n-1}) = 2n-1 = \Delta(K_{2n-1}) + 1$.

証明．(1) この証明には，回転トリックと呼ばれる方法を利用する．まず，K_{2n} を次のように描く：$2n$ 個の頂点を正 $(2n-1)$ 角形の頂点 $v_1, v_2, \cdots, v_{2n-1}$ とその中心 O にとり，これら $2n$ 個の点を線分で結ぶ．このとき，辺 Ov_1 および直線 Ov_1 と直交する $(n-1)$ 本の辺に色1を塗る．一般に，辺 Ov_i および直線 Ov_i と直交する $(n-1)$ 本の辺に色 i を塗る $(i=1, 2, \cdots, 2n-1)$．(図7.15は，$2n=10$ の場合を示す．)

各 $i \in \{1, 2, \cdots, 2n-1\}$ について，色 i の辺は n 本あり，色 i の辺は色1の辺を中心点 O を中心にして $\dfrac{4\pi(i-1)}{2n-1}$ だけ回転したものになっていて，K_{2n} のすべての辺が重複なく塗られていることは容易にわかる．

図7.15:

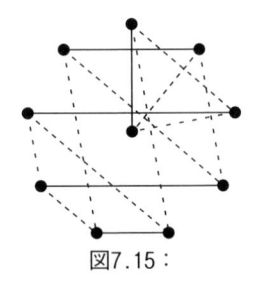

(2) K_{2n-1} が K_{2n} の部分グラフであることから，K_{2n-1} が $(2n-1)$ 色で辺彩色可能であることは明らかである．K_{2n-1} の辺数は $\frac{(2n-2)(2n-1)}{2} = (n-1)(2n-1)$ であるから，K_{2n-1} の辺が $(2n-2)$ 色で辺彩色できたとすると，鳩ノ巣原理から，ある色 i が存在して，色 i の辺は少なくとも n 本存在する．

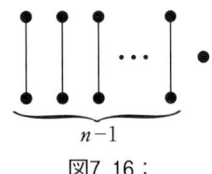

図7.16:

しかし，これは，ある隣接した 2 辺に色 i を塗ることになる．つまり，$(2n-2)$ 色では辺彩色は不可能である．□

次に 2 部グラフの辺彩色数を調べてみます．ここでは**ケンペの鎖論法** (Kempe chain argument) と呼ばれる彩色を変更する技術を使用するので，まず，それを紹介します．

グラフ $G=(V,E)$ に k-辺彩色 ($k \geq 2$) が 1 つ与えられているとする．任意の $i, j \in \{1, 2, \cdots, k\}$, $i \neq j$ について，色 i と色 j の辺の全体が誘導する G の部分グラフを $H(i, j)$ とする；つまり，色 i の辺と色 j の辺およびこれらの辺の両端頂点が構成する部分グラフが $H(i, j)$ である．$H(i, j)$ の頂点の次数は 1 または 2 であるから，$H(i, j)$ の連結成分は道かサイクルである．

そこで，$H(i,j)$ の辺の色を，色 i を色 j に，色 j を色 i に替えると，G の新しい k-辺彩色が得られる．しかしこの変更は，色 i と色 j を交換しただけであるから，本質的に同じ辺彩色と見なされる．ところが，$H(i,j)$ が非連結であるとき，$H(i,j)$ の連結成分の 1 つ K を選んで，K の辺についてのみ色 i と色 j の交換を行うと，G の新しい，しかも最初の k-辺彩色とは本質的に異なる，k-辺彩色が得られる．このような K をケンペ鎖といい，この変換操作をケンペの鎖論法という．（頂点彩色についても，同様なケンペの鎖論法があり，後に「地図の彩色」の節で使用する．）

例7.7 図7.17の左の状態で，x に辺彩色することを考える．このままの状態では，x には1，2，3，4のどの色も割り当てることはできない．x の辺は，1や3で塗られた辺とは両側で隣接しているので，x の辺を4で塗ることを考える．色2と4で塗られた辺で誘導される部分グラフを考えると，図7.17の真ん中のようになる．そして，太線で表される連結成分の色を交換し，もとのグラフを考えると，x に4を割り当てることが可能になる（図7.17の右）．

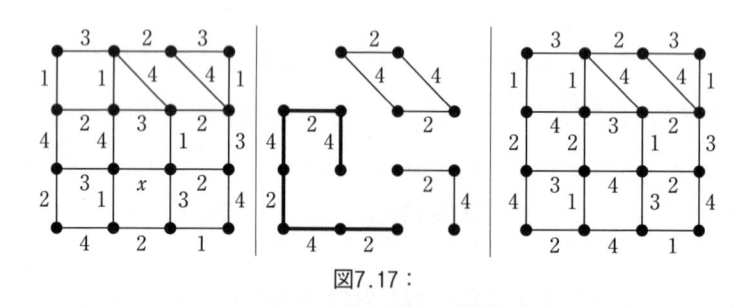

図7.17：

定理7.12 2部グラフ $G=(V, E), E \neq \emptyset$ について，次が成り立つ：
$\chi_e(G) = \Delta(G)$．

証明．辺数 $|E|=m$ に関する数学的帰納法で証明する．
（帰納法の基礎）$m=1$ の場合は，$\chi_e(G)=1=\Delta(G)$ で，定理は成り立つ．

（帰納法の仮定）$m \geq 2$ とし，$m-1$ 以下の 2 部グラフについては，定理が成り立つと仮定する．

$G=(V,E)$ を 2 部グラフで，$|E|=m$ とする．一般に，$\Delta(G) \leq \chi_e(G)$ であるから，G が $\Delta(G)$-辺彩色をもつことを示せば十分である．単純に，$\Delta(G)=k$ と書くことにする．

1 辺 $e \in E$ を選び，固定する．e を除去して得られるグラフ $G-e=(V, E-\{e\})$ は 2 部グラフであり，辺数は $m-1$ であるから，帰納法の仮定から，$\Delta(G-e)$-辺彩色をもち，$\Delta(G-e) \leq \Delta(G)=k$ であるから，当然 k-辺彩色をもつ．以下では，この $G-e$ の k-辺彩色を利用して，G の k-辺彩色を構成できることを示す．

$V = X \cup Y$ を G の 2 分割とし，$e=xy, x \in X, y \in Y$ とする．$\deg(x) \leq k$ で e にはまだ彩色していないから，k-色の中には x に接続する辺には現れない色が少なくとも 1 色存在する．まったく同じ議論により，k-色の中には y に接続する辺には現れない色が少なくとも 1 色存在する．

(1) x に現れない色と y に現れない色の中に共通の色 i がある場合：色 i を辺 e に塗ることによって G の k-辺彩色が簡単に得られる．

(2) x に現れない色と y に現れない色の中に共通の色が無い場合：x に現れない色 i と y に現れない色 j を指定する．色 i は y では現れ，色 j は x では現れることに注意する．$H(i, j)$ を色 i の辺と色 j の辺全体から誘導される $G-e$ の部分グラフとし，$H(i, j)$ の連結成分で，x を含むものを K とする．もし，y が K に含まれるならば，K の中の x-y 道を P とすると，G が 2 部グラフだから，P の長さは奇数となる．P の辺の色は，$j, i, j, i, j, \cdots$，と交互に現れるから，y と隣接する辺の色は j であり，したがって，色 j が y で現れない色であるという条件に反する．よって，K は y を含まない．そこで，K の辺の色を i と j を交換することによって $G-e$ の新しい k-辺彩色を得る．この彩色では，x には色 i が現れて色 j が現れない．また，y は K に属さないので，y では色 j は現れない．そこで(1)と同様に，辺 e に色 j を塗ることによって G の k-辺彩色を得る．□

次の定理は1964年に証明されたもので，辺彩色数の範囲が随分と狭いことを示しています．証明はかなり難しいので省略します．ここでもケンペの鎖論法は使われます．

定理7.13（V.G.Vizing）グラフ $G=(V, E)$, $E \neq \emptyset$, について，次が成り立つ：
$$\Delta(G) \leq \chi_e(G) \leq \Delta(G)+1. \quad \square$$

参考：上の Vizing の定理により，辺彩色数 $\chi_e(G)$ は $\Delta(G)$ か $\Delta(G)+1$ のいずれかであることになりましたが，$\chi_e(G)=\Delta(G)$（あるいは，$\chi_e(G)=\Delta(G)+1$）であることの有効な特徴付けはまだ見つかっていません．

練習問題

7.9 立方体グラフ，および正十二面体グラフの辺を，3色で辺彩色せよ．

7.10 $K_{m,n}$ の辺彩色数を決定せよ．

7.11 ペテルセングラフの辺彩色数は4であることを示せ．

談話室 **魔方陣（Latin square）**

$n \times n$ の正方形のマス目に，$1, 2, 3, \cdots, n$ を配置して，どの行にも $1, 2, \cdots, n$ のすべての数字が，どの列にも $1, 2, \cdots, n$ のすべての数字があるようにしたものを（位数 n の）**魔方陣**と呼び，昔から知られていた．ヨーロッパではこれを **Latin square** (of order n) と呼び，確率論や品質管理などいろいろな分野で用いられてきた．この魔方陣に条件を加えたものが**数独**といえる．次に $n=2, 3, 4, 5$ の場合の1例を示す：

1	2
2	1

1	2	3
3	1	2
2	3	1

1	2	3	4
4	1	2	3
2	3	4	1
3	4	1	2

1	2	3	4	5
5	1	2	3	4
4	5	1	2	3
2	3	4	5	1
3	4	5	1	2

図7.18：

ここでは，完全2部グラフ $K_{n,n}$ の n-辺彩色を用いて位数 n の魔方陣の作り方を示そう．$\Delta(K_{n,n})=n$ であり，定理7.12より，$\chi_e(K_{n,n})=n$ であることに注意する．

$K_{n,n}$ の2分割を $V=X\cup Y$，$X=\{x_1, x_2, \cdots, x_n\}$，$Y=\{y_1, y_2, \cdots, y_n\}$ とし，彩色に使う色を $\{1, 2, \cdots, n\}$ とする．そこで，魔方陣の i 行 j 列に配置する色 a_{ij} を次の規則で定める：

　　　辺 x_iy_j に色 k が塗られているとき，$a_{ij}=k$．

各 i 行について，$j_1\neq j_2$ ならば，$a_{ij_1}=a_{ij_2}$ である．実際，頂点 x_i に接続する2辺 $x_iy_{j_1}$ と辺 $x_iy_{j_2}$ は異なる色 $k_1\neq k_2$ で塗られている．同様に，各 j 列について，$i_1\neq i_2$ ならば，$a_{i_1j}\neq a_{i_2j}$ である．例えば，図7.19の2部グラフの彩色は，図7.18の3×3の魔方陣と対応している．

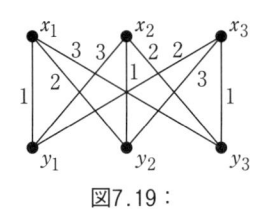

図7.19：

7.3　地図の彩色

地図を色分けして彩色するとき，4色あれば十分ではないか？　という疑問を最初に提出したのは，地理の宿題をやっているうちに気付いた生徒であったと伝えられています．1852年のことでした．その後，「四色予想」として広く知られるところとなり，多くの数学者がこの問題に挑戦してきましたが，なかなかの難問で，解決には100年以上の歳月を要しました．この問題の歴史や背景等については，著書 [b4] を参照してください．

地図を色分けして彩色するとは，平面グラフの面に色を塗り，その際に，辺を共有する2つの面には異なる色が塗られるようにすることであるとします．例えば，図7.20は面が1,2,3,4の4色で彩色されていることを示しています．しかも，3色ではうまく彩色できないことも容易に確かめられます．例えば，群馬県に隣接する五県（福島県，新潟県，長野県，埼玉県，栃木県）に3色必要で，その3色と異なる色で群馬を塗らないといけないことからわかります．

地図を考える場合，橋の両側は同じ面ですので都合が悪いわけです．ループ e がある場合はループの内部と外部とで分けて考え，e を共有する内部の面と外部の面に異なる色を塗ると全体の彩色が得られます．したがって，ループはあってもよいのですが，無い場合を考察すれば十分です．このような理由で，取り扱う平面グラフを次のように制限をします．

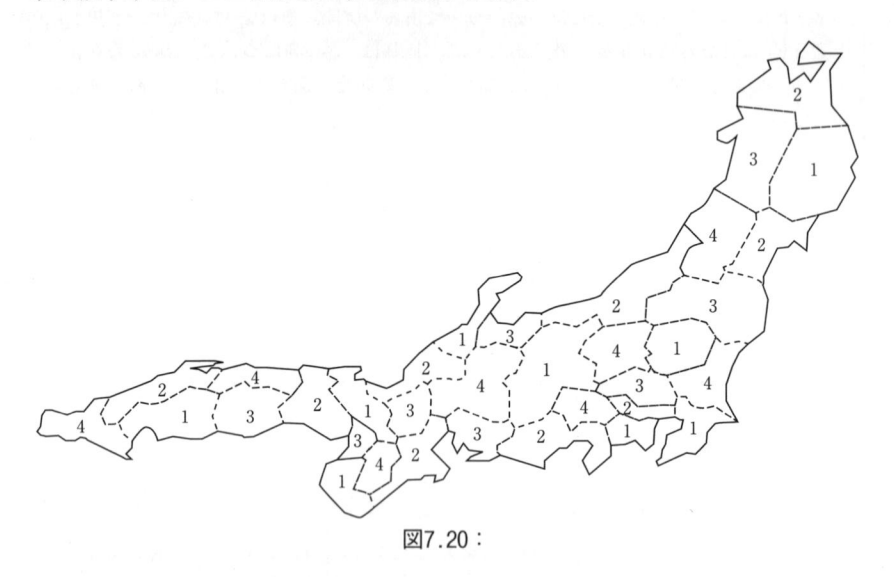

図7.20:

連結で橋をもたない平面グラフ $G=(V, E)$ で，任意の頂点 $v \in V$ について $deg(v) \geq 3$ であるものを**地図**（map）という．特に，3-正則な地図を**正規地図**（normal map）という．

例7.8 前記の図7.20は地図であるが，正規地図ではない．また，下の図7.21は正規地図であり，図7.22は橋があるので地図ではない．

地図においては，その面を国（country）と呼ぶことにする．外部面も国として扱う．2つの国は，それらが共通の辺をもつとき，**隣接**（adjacent）しているという．図7.21の地図では2つの辺で隣接している国があるが，これも地図である．

第 7 章 彩色問題　171

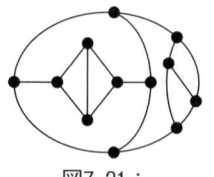

図7.21：

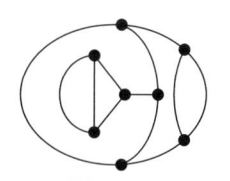

図7.22：

地図 $G=(V, E)$ の**彩色** (coloring) とは，G の各国に対して，どの隣接 2 国も同じ色にならないように，色を塗ることである．

頂点彩色や辺彩色の場合と同様に，色を数字で表すことにすると，地図 $G=(V, E)$ とその国の集合 $R(G)$ について，k-色による地図の彩色とは，

　　写像 $c'' : R(G) \to \{1, 2, 3, \cdots, k\}$ であって，

　　条件 (c'')：$r, r' \in R(G)$，r と r' が隣接 $\implies c''(r) \neq c''(r')$

をみたすものをいい，k-**面彩色** (k-face coloring) という．地図 $G=(V, E)$ が k-面彩色をもつとき，k-**面彩色可能** (k-face colorable) であるという．

注：橋をもたない平面グラフについては，連結でない場合も，次数 2 の頂点をもつ場合も，地図の場合と同様に「面彩色」が定義できる．

このように定義を整えると，この章のまえがきに述べた予想は次のようになります：

四色予想　どのような地図も 4-面彩色可能である．

一般の地図と正規地図の彩色については，次の関係がある．正規地図は一般の地図の特殊な場合であるが，次の関係から，正規地図のみを考察すれば十分であるということがわかる．

補題7.14　$k \geq 4$ とする．すべての正規地図が k-面彩色可能ならば，すべての地図も k-面彩色可能である．

証明．　地図 $G=(V, E)$ の頂点で次数が 4 以上のものについて，下図のよう

な変形を行う．すなわち，$v \in V$, $deg(v) \geq 4$について，vを中心とする十分に小さい半径の円周を描き，円周と辺との交点を新しい頂点とし，Gから円周で囲まれた部分を取り除き，新しい平面グラフHをつくる；Hは正規地図である．

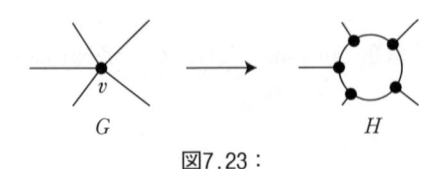

図7.23：

すると，Hのk-面彩色は自然にGのk-面彩色に拡張される．実際，円周で囲まれた国を縮めてもとの頂点vにしたとき，Hで隣接していなかった国はGでも隣接していないからである．□

双対グラフを使って，面彩色を頂点彩色に言い換えることができます．

定理7.15 地図$G = (V, E)$がk-面彩色可能であるための必要十分条件は，その双対グラフ$G^* = (V^*, E^*)$がk-頂点彩色可能であることである．

証明． Gの面集合と辺集合を，それぞれ，$R = \{r_1, r_2, \cdots, r_t\}$, $E = \{e_1, e_2, \cdots, e_m\}$とする．すると，面と頂点，辺と辺の1対1対応により，$V^* = \{r_1^*, r_2^*, \cdots, r_t^*\}$, $E^* = \{e_1^*, e_2^*, \cdots, e_m^*\}$と表すことができる．

($\Longrightarrow$) Gのk-面彩色を与える．このとき，頂点r_i^*には国r_iに塗った色を塗る．国r_iと国r_jが隣接しているときに限り，頂点r_i^*と頂点r_j^*が隣接しているので，このような塗り方はG^*のk-頂点彩色である．

($\Longleftarrow$) 逆に，G^*にk-頂点彩色を与える．このとき，国r_iには頂点r_i^*に塗った色を塗る．頂点r_i^*と頂点r_j^*が隣接しているときに限り，国r_iと国r_jは隣接しているので，このような塗り方は地図Gのk-面彩色である．□

次の定理は，これまでに示した多くの定理を併せて得られます．

定理7.16 地図 $G=(V, E)$ が2-面彩色可能であるための必要十分条件は，G がオイラーグラフであることである．

証明．（$\Longrightarrow$）G に2-面彩色を与える．すると，定理7.15より，$\chi(G^*)=2$ であるから，G^* は2部グラフである．練習問題6.17より，G の2回双対グラフ $(G^*)^*$ はオイラーグラフである．定理6.11より，G と $(G^*)^*$ は同型であるから，したがって，G もオイラーグラフである．

（$\Longleftarrow$）G がオイラーグラフであるとする．すると，定理6.11より，$(G^*)^*$ もオイラーグラフである．再び練習問題6.17より，G^* は2部グラフであり，$\chi(G^*)=2$ である．定理7.15より，G は2-面彩色可能である．□

次は，平面グラフについて既に示した性質から，容易に証明されます．

定理7.17 任意のループをもたない平面グラフ $G=(V, E)$ は6-頂点彩色可能である．

証明． 頂点数 $n=|V|$ に関する数学的帰納法によって証明する．頂点彩色なので，G は単純グラフであると仮定してよい．

（帰納法の基礎）$n=|V|\leq 6$ なるグラフ G については，すべての頂点に異なる色を割り当てればよいので，定理は成り立つ．

（帰納法の仮定）$n\geq 7$ とし，頂点数が n 未満の単純平面グラフについては定理が成り立つとする．

$G=(V, E)$ を $|V|=n$ なる単純平面グラフとする．定理6.6より，頂点 $v\in V$ が存在して，$deg(v)\leq 5$ をみたす．そこで，頂点 v を削除した部分グラフ $G-v$ を見ると，その頂点数は $n-1$ の単純平面グラフであるから，帰納法の仮定により，$G-v$ は6-頂点彩色可能である．v と隣接している頂点 $N(v)$ は

高々5であるから，$G-v$ の6-頂点彩色について，$N(v)$ には現れない色が少なくとも1つある．この色を v に塗ることによって，$G-v$ の6-頂点彩色を G の6-頂点彩色に拡張することができる．□

系7.18 任意の地図 $G=(V, E)$ は6-面彩色可能である．

証明． 定理7.15により，G の双対グラフ $G^*=(V^*, E^*)$ は6-頂点彩色可能である．したがって，定理7.17により，G は6-面彩色可能である．□

次の定理は Heawood の5色定理として広く知られています．証明はかなり複雑で長いのですが，是非にも一度辿ってみてください．

定理7.19（5色定理） 任意の地図 $G=(V, E)$ は5-面彩色可能である．

証明． 3段階に分けて，証明を与える．

（第1段）補題7.14により，地図 $G=(V, E)$ は正規地図であると仮定してよい．（すなわち，頂点の次数はすべて3の単純平面グラフである．）
　G の双対グラフを $G^*=(V^*, E^*)$ とする．G が正規地図だから，G^* の面はすべて三角形である．すべての面が三角形である平面グラフを，平面の三角形分割という．定理7.15により，平面の三角形分割 G^* が高々5-頂点彩色可能であることを証明すれば十分である．

（第2段）頂点数 $n=|V^*|$ に関する数学的帰納法によって証明する．
　（帰納法の基礎）頂点数が5以下の場合は明らかに5-頂点彩色可能である．
　（帰納法の仮定）以下 $n \geq 6$ とし，頂点数が n より小さい三角形分割については定理が正しいとする．
　G^* を $|V^*|=n \geq 6$ なる三角形分割とする．定理6.6により，G^* には次数が5以下の頂点が少なくとも1つ存在する．
　$\delta(G^*)=3$ のとき，すなわち，次数3の頂点 $v \in V^*$ が存在するとき，v の近

くは図7.24左のようになる．このとき，G^*-v も平面の三角形分割である（図7.24右）であり，帰納法の仮定から，G^*-v は5-頂点彩色可能である．G^*-v に1つの5-頂点彩色 c を与える．v と隣接する頂点は3個であるから，この3頂点に現れない色を v に塗ることによって，G^*-v の5-頂点彩色 c は G^* の5-頂点彩色に拡張することができる．

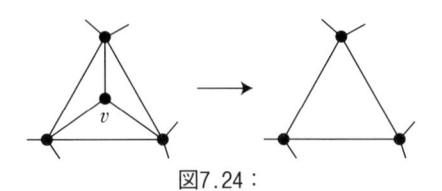

図7.24：

$\delta(G^*)=4$ のとき，次数4の頂点 $v \in V^*$ が存在し，v の近くは図7.25左のようになる．G^*-v に辺 u_2u_4 を加えたグラフ $G'=(G^*-v)+u_2u_4$ は平面の三角形分割であり（図7.25右），頂点数は $n-1$ であるから，帰納法の仮定から，G' は5-頂点彩色可能である．G' に1つの5-頂点彩色 c を与える．v と隣接する頂点は4個であるから，これら4頂点に現れない色を v に塗ることによって，G' の5-頂点彩色 c は G^* の5-頂点彩色に拡張することができる．

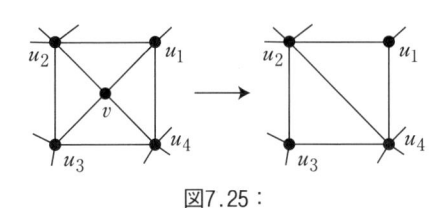

図7.25：

$\delta(G^*)=5$ のとき，次数5の頂点を $v \in V^*$ とすると，v の近くは図7.26左のようになる．G^*-v に2辺 u_1u_3, u_3u_5 を加えたグラフ $G'=(G^*-v)+u_1u_3+u_3u_5$ は平面の三角形分割であり（図7.26右），頂点数は $n-1$ であるから，帰納法の仮定により，G' は5-頂点彩色可能である．G' に1つの5-頂点彩色 c を与える．この彩色で，v と隣接する5頂点 u_1, u_2, u_3, u_4, u_5 に塗られる色が高々4ならば，これら5頂点に現れない色を v に塗ることによって，G' の5-

頂点彩色 c は G^* の5-頂点彩色に拡張することができる.

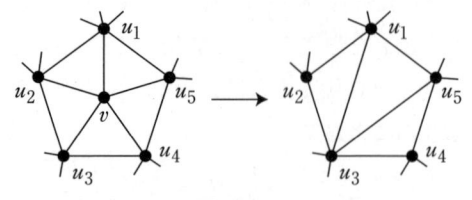

図7.26:

（第3段）上で与えた G' の5-頂点彩色 c では，5頂点 u_1, u_2, u_3, u_4, u_5 に5色現れるとして，c を取り替えて G' の新しい5-頂点彩色 c_1 を構成して，u_1, u_2, u_3, u_4, u_5 には高々4色が現れるようにできることを証明する．（このような頂点彩色が構成できれば，第2段の最後の議論を適用して，G^* の5-頂点彩色，したがって，G の5-面彩色が得られることになる.）

頂点の色は，$c(u_1)=1, c(u_2)=2, c(u_3)=3, c(u_4)=4, c(u_5)=5$ として一般性を失わない．色1と色3が塗られた頂点全体が誘導する G' の部分グラフを $H(1, 3)$ とし，$H(1, 3)$ の連結成分で u_1 を含むものを K とする．

（i）K が頂点 u_3 を含まない場合：K の頂点の色1と色3を交換することによって，すなわち，K にケンペの鎖論法を適用することによって，G' の新しい5-頂点彩色 c_1 を得る．$c_1(u_1)=c_1(u_3)=3$ で他の頂点の色は変化しないから，この c_1 は求める頂点彩色である．

（ii）K が頂点 u_3 を含む場合：色2と色4が塗られた頂点全体が誘導する G' の部分グラフを $H(2, 4)$ とし，$H(2, 4)$ の連結成分で頂点 u_2 を含むものを K' とする．K, K' はともに5角形 $u_1 u_2 u_3 u_4 u_5$ の中を通らないし，K と K' は共通の頂点をもたないから，ジョルダンの閉曲線定理により，K' は頂点 u_4 を含まないことがわかる（図7.27）．

よって，上の(i)の場合と同様に，K' の頂点の色2と色4を交換することによって，G' の新しい5-頂点彩色 c_1 を得る．$c_1(u_2)=c_1(u_4)=4$ で他の頂点の色は変化しないから，この c_1 は求める頂点彩色である．□

図7.27：

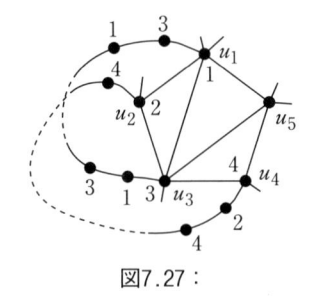

練習問題

7.12 日本の本州の都府県を1, 2, 3, 4で面彩色をする．このとき，日本の周りの海がある県だと思い，海を4で塗るとして，各県に4-面彩色を与えなさい．つまり，海岸に面する県には4を塗らない，4-面彩色を与えなさい．

7.13 車輪グラフ W_n の平面図である地図を彩色するには何色必要か？

7.14 地図には，互いに隣接する5カ国は存在しないことを証明せよ．

図7.28：

7.15 ヒーウッド（Heewood）の次の定理を双対の形で述べよ：

すべての頂点が偶数の次数をもつ平面の三角形分割は，3色によって頂点彩色可能である．

7.4 練習問題の解答とコメント

7.1 $X_i \cup X_j$, $(i \neq j)$ から誘導される部分グラフは，これらを2分割とする2部グラフであるから，その辺数は（2部グラフのところで述べたように）$|X_i| \times |X_j|$ である．$K_{m_1, m_2, \cdots, m_k}$ の辺はすべてこのタイプであるから，辺数は $\sum_{1 \leq j < j \leq k} |X_i| \times |X_j|$ である．

7.2 ある X_i について，$|X_i| \geq 2$ とすると，2頂点 $x, y \in X_i$ について，完全 k 部グラフの定義から，x と y は隣接していないので，完全グラフではない．

7.3 ($\Longrightarrow$) 定理7.4と定理7.5によって，$\Delta(G) \geq 3$ のグラフについては，$\chi(G) = \Delta(G)+1$ ならば，G は完全グラフである．

また，$\Delta(G)=2$ のグラフはサイクル C_n と K_2 を除く道 P_n ($n \geq 2$) であるが，n が偶数の場合は $\chi(C_n)=2=\Delta(C_n)$ であり，n が奇数の場合には $\chi(C_n)=3=\Delta(C_n)+1$ である（例7.2）．また，$n \geq 2$ について，$\chi(P_n)=2=\Delta(P_n)$ である．

$\Delta(G)=1$ のグラフは2頂点完全グラフ K_2 のみであり，$\chi(K_2)=2=\Delta(K_1)+1$ が成り立つ．

連結なグラフで $\Delta(G)=0$ のグラフは，1頂点の完全グラフ K_1 のみで，$\chi(K_1)=1=\Delta(K_1)+1$ が成り立っている．

($\Longleftarrow$) 上の証明からもわかるように，任意の自然数 n について，$\chi(K_n)=n=\Delta(K_n)+1$ であり，C_{2k+1} については，$\chi(C_{2k+1})=3=\Delta(C_{2k+1})+1$ である．

7.4 任意の三角形（3-サイクル）の頂点に色1, 2, 3を塗り，これを拡大していくと，3色では彩色不可能であることがわかる．また，4色で塗れることもわかる；$\chi(G)=4$．ところで，任意の1辺 e について，$G-e$ は3色で塗れることも確かめられる；$\chi(G-e)=3$．（詳細は省略）

7.5 $\chi(G_1)=4$ である．4色での彩色を示したのが図7.29左である．図中の3-サイクルに$\underline{1}, \underline{2}, \underline{3}$を指定してこれを拡張しようとすると，中央の頂点に第4の色が必要となるので，3色では不可能である．任意の1辺eについて，$\chi(G_1-e)=3$であることの確認は読者に委ねる（図の対称性から3本の辺について確かめれば十分）．

$\chi(G_2)=4$ である．4色での彩色を示したのが図7.29（右）．図中の中央の3-サイクルに$\underline{1}, \underline{2}, \underline{3}$を指定してこれを拡張しようとすると，上の2頂点のいずれかに第4の色が必要となるので，3色では不可能である．臨界であることは，任意の1辺eについて$\chi(G_2-e)=3$を示せばよいが，いずれの場合も容易なので，読者に委ねる．

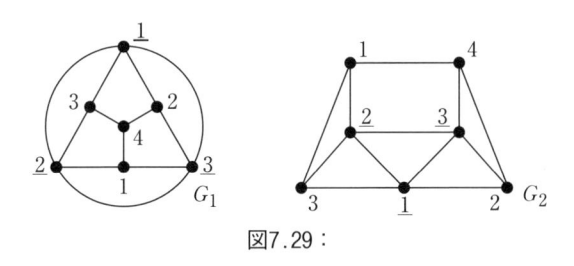

図7.29：

7.6 奇サイクルが頂点彩色数が3で臨界であるのは明らかである．実際，$\chi(C_{2n+1})=3$で，任意の1辺eについて，$\chi(C_{2n+1}-e)=\chi(P_{2n})=2$．

$G=(V, E)$ を$\chi(G)=3$なる臨界なグラフとすると，定理7.3より，Gは奇サイクルを含む．Gに含まれる奇サイクルの1つをCとする．$G\neq C$のとき，定理7.7(1)よりGは連結だから，GにはCに含まれない辺がある．その1つをeとすると，$G-e$は依然としてCを含むから，$\chi(G-e)=\chi(C)=3$であり，臨界であることに反する．よって，$G=C$である．

7.7 奇サイクルを含まないので，求めるグラフは2部グラフであり，辺数が最大のものは当然完全2部グラフである．6頂点の完全2部グラフは$K_{1,5}$, $K_{2,4}$, $K_{3,3}$ の3つである．辺数は，順に，5, 8, 9だから，求めるグラフは$K_{3,3}$である．

7.8 $K_{3,3}$ の長さ 6 のサイクルはハミルトンサイクルであり,その個数は練習問題4.14(2)により,6個ある.

(注) これは逆周りに着席する場合も同じとみなしている数であり(数珠順列の個数),逆周りは別の着席方法として区別すると2倍になる(円順列の個数).さらに,席も指定されている場合は,巡回的に移動したものを別と考えれば,さらに6倍になる(通常の順列の個数).

7.9 立方体グラフも正十二面体グラフも3-正則であるから,頂点数は偶数である.しかも,いずれも,図7.30の太線で示すように,ハミルトンサイクルをもつ.ハミルトンサイクル上の辺を交互に色1と色2で塗り,残った辺に色3を塗ると3-辺彩色を得る.

一般に,3-正則なハミルトングラフ G について,$\chi(G)=3$ が成立する.なお,各 $i=1, 2, 3$ について,色 i の辺全体は完全マッチングである.

7.10 定理7.12より,$\chi(K_{m,n})=\max\{m, n\}$.

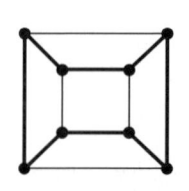

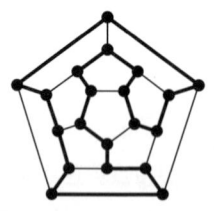

図7.30:

7.11 ペテルセングラフを3色で塗ることを試みる.外側の5-サイクルには,図7.31(左)のように,色1,色2,色3を塗るとして一般性を失わない.すると内部の5-サイクルと結ぶ5本の辺の色も自動的に決まる.すると図中の2辺 uv, uw はいずれも色1の辺と色3の辺と隣接しているので,これらに同時に色2を塗ることはできない;$\chi_e(P) \geq 4$.4-辺彩色の例は図7.31(右).

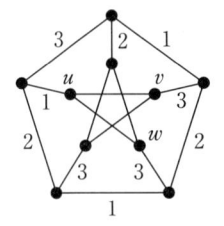

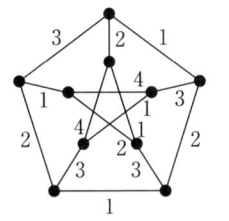

図7.31：

7.12 例えば，図7.32のような彩色がある．

7.13 $n=2k+1\geq 5$ の場合，有界領域（内部面）で2色，外側の非有界（外部面）で1色必要であるから，3色必要である．$n=2k\geq 4$ の場合，有界領域で3色，非有界領域で1色必要であるから，4色必要である．

7.14 そのような地図 M が存在したとすると，その双対グラフ M^* は K_5 と同型な部分グラフを含む．しかし，系6.5より，K_5 は平面的でない．

7.15 すべての面が偶数の次数もつ正規地図は，3色で面彩色可能である．

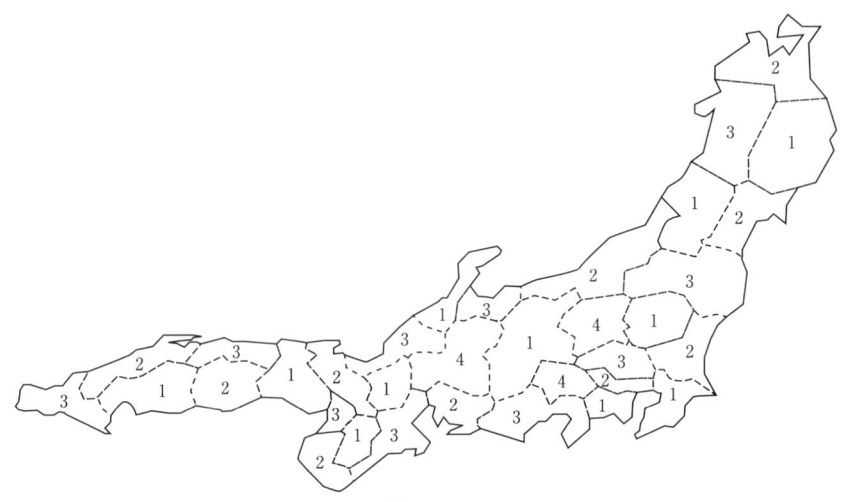

図7.32：

付　録

　本書では，ほとんどすべての定理についてその証明を割愛することなく，きちんと証明を与え，いわゆる数学書としての形をとりました．ここでは，数学書になれない初心の読者のために，数学の論証についての基本的な事項を説明します．

　命題と条件・結論
　文章や数式などによって表された事柄で，正しいか正しくないかが明確に定まるものを**命題**という．命題が正しいとき，その命題は**真**であるといい，命題が正しくないとき，その命題は**偽**であるという．数学的な証明が与えられた真の命題のうちで，理論的にあるいは応用面などで重要と考えられるものを**定理**と称するが，特に基準はない．

　例えば，「5 は 3 より大きい」は真の命題であり，「$3 + 1 = 5$」は偽の命題である．また，「先生は数学が好きだ」は正しいか正しくないかが明確に定まらないので，命題ではない．これは「先生」が具体的に指定されれば命題となるし，先生の指定の仕方によって真偽が変わる．一般に，x という文字を含んだ主張 $P(x)$ があって，x に具体的な事物を当てはめて命題となるとき，$P(x)$ を**命題関数**といい，x を**変数**という．ただし，変数 x はすべてのもを対象にすることはなく，適当な範囲（**対象領域**という）を指定されていることが多

い．

　例えば，$P(x)$：「$x \geq 1$」については，対象領域は実数全体 R と考えるのが自然で，x が1以上ならこの命題は真になり，x が1未満ならばこの命題は偽となる．数学で取り扱う命題関数は，多くの場合，その変数により真偽が定まる．そこで $P(x)$ を**条件**とか**性質**という．そして，$P(x)$ が真となるような変数 x は条件をみたす，あるいは性質をもつといい，偽となる変数は条件をみたさない，あるいは性質をもたないという．

　ちょうど2つの数を足したり掛けたりして新しい数を得ることを演算というように，いくつかの命題を結合して新しい命題を作る操作を**論理演算**という．2つの命題 P, Q の基本的な結合として，次の4つがある：

　(1)　P かつ Q：P と Q の論理積とよばれ，論理記号では $P \wedge Q$ で表す．P, Q の両方が真のときに真となる命題である．

　(2)　P または Q：P と Q の論理和とよばれ，論理記号では $P \vee Q$ で表す．P, Q の少なくとも一方が真のときに真となる命題である．

　注意　日常会話で用いられる「または」とは違って，「P または Q」は P と Q がともに真のときも真である．

　(3)　P でない：P の否定とよばれ，論理記号では $\neg P$ で表す．P が真ならば $\neg P$ は偽，P が偽ならば $\neg P$ は真である．また，$\neg(\neg P)) = P$ である．

　(4)　P ならば Q：「もし P が正しいならば，そのときは Q も正しい」を表す命題で，論理記号では $P \Longrightarrow Q$ で表す．

　数学で取り扱う命題の多くはこの(4)の形で述べられる．このとき，P を**仮定**，Q を**結論**という．このような形の命題が真のとき，P を Q の**十分条件**，Q を P の**必要条件**という．命題 $P \Longrightarrow Q$ と $Q \Longrightarrow P$ がともに真であるとき，P は Q の**必要十分条件**であるとか，P と Q は**同値**であるといい，$P \Longleftrightarrow Q$ と書き表す．

「任意」と「存在」

実数 x に関する命題関数 $P(x)$：「x^2 は 0 以上の実数である」を考える．これは x が「どんな実数であっても」成立する．このことを，

(1)　**任意**の実数 x について，x^2 は 0 以上の実数である

のように表す．また，整数 n に関する命題関数 $Q(n)$：「$n^2=n$」は，すべての整数 n について成立するわけではないが，$n=0, 1$ については成立する．このことを

(2)　$n^2=n$ をみたす整数 n が**存在**する

のように表す．

数学で現れる命題では，「任意の…」と「…が存在する」という言葉を含むことが多い．複雑な命題を扱うときには，「任意」と「存在」を注意して使い分けることが重要である．なお，日本語の流れで，任意に代わって「すべての」，「どんな」も同じ意味で用いられる．ところで，上の(1), (2)の否定は次のようになる：

¬(1)　x^2 が 0 未満となる実数 x が存在する

¬(2)　任意の整数 n について，$n^2 \neq n$ である

集合と写像

「整数の全体」や「三角形の全体」のように，数学ではある性質をみたすものの集まりを考えると便利なことが多い．このようなもののあつまりを**集合**という．集合 S に属する個々の対象を S の**要素**または**元**という．x が集合 S の要素であることを $x \in S$ または $S \ni x$ で示す．

集合の表示方法は 2 つある．その 1 つは，集合の要素を中括弧 $\{\ \}$ のなかに書き並べる方法で，

$$\{1, 2, 3, 4, 6, 12\}, \{a, b, c\}, \mathrm{N}=\{1, 2, 3, 4, \cdots\}$$

のように表す．この方法を用いるのは有限個の要素を含む場合が多いが，その集合を構成する要素が特定できればよいわけで，自然数の全体の集合 N など無限の場合にも用いることがある．

もう1つの方法は，命題関数 $P(x)$ を用いる方法で，$P(x)$ が真であるような要素 x の全体からなる集合を

$$\{x|P(x)\} \quad \text{あるいは} \quad \{x:P(x)\}$$

と表すものである．たとえば，最初に挙げた集合は，$\{x|x は 12 の約数\}$ のように表すことができる．

要素を1つも含まない集合も考える．これを**空集合**といい，記号 $\emptyset$ で表す．

集合 A のすべての要素が集合 B の要素でもあるとき，A は B の**部分集合**であるといい，$A \subset B$ または $B \supset A$ で表す．$A \subset B$ かつ $A \supset B$ であるとき，集合 A, B は**相等しい**といい，$A = B$ で表す．

この定義からわかるように，$\{\ \}$ を用いて集合を表す際に，要素の並べる順番を変えても，同一の要素を重複して書いても，同じ集合を表す；

$$\{1, 2, 3, 4, 6, 12\} = \{1, 4, 2, 12, 3, 6\} = \{1, 1, 2, 2, 2, 3, 3, 4, 6, 6, 12\}$$

数学で集合を扱う際には，考察の対象を指定している場合がほとんどである．集合の表し方で命題関数を用いる場合，変数 x の対象領域を**普遍集合**という．普遍集合 U の部分集合 A, B について，A と B の要素を合わせてできる集合を A と B の**和集合**といい，$A \cup B$ で表す．また，A と B との両方に属する要素の集合を A と B の**共通集合**といい，$A \cap B$ で表す．

$$A \cup B = \{x | x \in A \lor x \in B\}, \quad A \cap B = \{x | x \in A \land x \in B\}$$

写像

集合 A と B がある．A の各要素 a に対して，B のある1つの要素 b を対応させる規則 f を A から B への**写像**または**関数**といい，$f: A \to B$ で表す．このとき，A を f の**定義域**，B を f の**終域**という．

写像 $f: A \to B$ によって要素 $a \in A$ が要素 $b \in B$ に対応することを $f(a) = b$ と書く．$f(A) = \{f(a) | a \in A\} \subset B$ を f の**値域**という．

写像 $f: A \to B$ が与えられている．

A の異なる任意の要素 a_1, a_2 について，$f(a_1) \neq f(a_2)$ となるとき，f は**単射**であるという．f が単射であるための条件は対偶をとることで，「$f(a_1) = f(a_2)$ な

らば $a_1 = a_2$ である」と言い換えられる.

また，B の任意の要素 b に対して，$f(a) = b$ となる要素 $a \in A$ が存在するとき，f は**全射**であるという．つまり，$f(A) = B$ のときが全射である．

f が単射であり，かつ全射でもあるとき，f は**全単射**（または **1 対 1 対応**）であるという．

集合 A から A 自身への全単射を，A 上の**置換**または**変換**という.

A，B が有限集合で，A から B への全単射 f が存在するとき，A と B の要素の個数は等しい.

写像・全射・単射に関する例を紹介する．5 人の子供がいる 7 人家族のところに，叔母さんがショートケーキをお土産にもって訪れた．子供 1 人ずつにケーキを 1 つずつ配ったところ，すべての子供に配ることができ，ケーキは 1 つも余らなかったとしよう．ショートケーキの集合を A，子供の集合を B とする．このとき，各ケーキを受け取った子供に対応させると定めると，この対応は写像である．この写像を $f: A \to B$ とすると，2 つ以上のケーキを受け取った子供がいないことから，f は単射である．また，どの子供もケーキを受け取ったことから，f は全射である．よって，f は全単射である．全単射が存在することから，A と B の要素の個数は等しい，つまりケーキの個数と子供の人数は同じであることがわかる.

ところで，家族全員の集合を C とし，f を A から C への対応と考えたとき，$f: A \to C$ も写像である．この f は，単射であるが全射ではない.

論証

上で述べたように，数学の命題は「$P \Longrightarrow Q$」の形で述べられ，しかも真であるものがすべてである．仮定 P と「そのレベルで当然認められる数学的知見」から論理上の規則だけに従って結論 Q を導き出す証明法を**演繹法**といい，最も普通に用いられる．以下に本書で用いた証明法について，説明する.

●**対偶** 命題「$P \Longrightarrow Q$」に対して，命題「$\neg Q \Longrightarrow \neg P$」をその命題の**対**

偶という．例えば，「$x^2=2$ ならば x は無理数である」の対偶は，「x が有理数ならば $x^2 \neq 2$」である．ある命題が真であることとその対偶が真であることは同値である．定理として「$P \Longrightarrow Q$」を採用するかその対偶「$\neg Q \Longrightarrow \neg P$」を採用するかは，命題の明快さ・美しさ・使用頻度などによって定まるが特に基準などはない．従って，ある命題を証明するにはその対偶を証明すればよいことになる．実際，対偶の証明の方が書きやすく明快である場合が結構多い．

例題：実数 a, b に関して，$a^2+b^2=0$ ならば，$a=0$ かつ $b=0$ であることを証明せよ．（証明）証明すべき命題の対偶は「実数 a, b に関して，$a \neq 0$ または $b \neq 0$ ならば，$a^2+b^2 \neq 0$ である」となる．この対偶を証明する．

$a \neq 0$ のとき，$a^2>0$, $b^2 \geq 0$ だから，$a^2+b^2>0$,

$b \neq 0$ のとき，$a^2 \geq 0$, $b^2>0$ だから，$a^2+b^2>0$,

つまり，いずれの場合も，$a^2+b^2 \neq 0$ が成り立つ．

●**背理法** 最初に述べたように，数学で扱う命題 P については，P またはその否定 $\neg P$ のどちらか一方は必ず真である．つまり，$P \vee \neg P$ は常に真である．これを**排中律**という．排中律のもとでは，ある命題 P を証明するのに，その否定命題 $\neg P$ から矛盾を導くことができれば，P が証明されたことになる．このような証明法を**背理法**という．背理法は古代ギリシャの時代から用いられてきたが，現代数学でも不可欠な論法である．

例題：$\sqrt{2}$ は有理数でないことを示せ．（証明）背理法で示す．$\sqrt{2}$ が有理数であると仮定すると，互いに素な整数 m, n を用いて $\sqrt{2} = \dfrac{m}{n}$ と表せる．両辺を 2 乗して，整理すると，$2n^2 = m^2$ となる．このとき，m^2 は 2 の倍数だから m も 2 の倍数であり，ある整数 k を用いて $m=2k$ と表される．すると，$n^2 = 2k^2$ となる．よって，n^2 は 2 の倍数だから n も 2 の倍数である．これは m, n が互いに素であることに矛盾する．よって題意は示された．

背理法による証明や，対偶を用いた証明では，もとの命題の否定命題を正確に把握することが重要となる．

●**数学的帰納法**　自然数の全体をNで表す；
　　　$N=\{1, 2, 3, 4, 5, \cdots\}$
この集合は，最初の数1から出発して，次々に1を加えて得られるものの全体として構成されたものである．このことを数学的に定式化して記述したのが次の原理である：

数学的帰納法の原理

第一形式　Nの部分集合Sが次の2つの性質［1］，［2］をもつとする．
［1］　1はSに属する；$1 \in S$,
［2］　kがSに属するならば，$k+1$もSに属する；$k \in S \Longrightarrow k+1 \in S$.
このとき，$S=N$が成り立つ．

第二形式　Nの部分集合Sが次の2つの性質［1］，［2*］をもつとする．
［1］　1はSに属する；$1 \in S$,
［2*］　$n \geq 2$で，$1 \leq k < n$なるすべての整数kがSに属するならば，nもSに属する：$n \geq 2$, $\{1, 2, \cdots, n-1\} \subset S \Longrightarrow n \in S$.
このとき，$S=N$が成り立つ．

これらの原理は，自然数の構成から得られる整列性から導かれる：

自然数の整列性　Nの任意の部分集合には最小数が存在する．

この整列性を使って，実際に上の第一形式を証明してみる．

第一形式の証明　部分集合Sが性質［1］，［2］をもつとする．$S=N$を示すには，$N-S=\emptyset$を示せばよい．$S'=N-S \neq \emptyset$と仮定して矛盾を導く（背理法）．$S' \neq \emptyset$とすると，Nの整列性から，S'には最小数が存在する；その最小数をcとする．性質［1］$1 \in S$より，$1 \notin S'$であるから，$c > 1$である．したがって，$c-1 \in N$である．cの最小性から，$c-1 \notin S'$であり，したがって，$c-1 \in S$である．

ところが，性質［2］より，$c = (c-1)+1 \in S$である．これは，$c \notin S$に矛盾する．

第二形式の証明も，ほとんど同じであるので，ここでは省略する．

さて，この原理を実際に使用する場面に合わせて，変形しておく．

各自然数 n に対して，命題関数 $P(n)$ が与えられたとする．そのとき，$P(n)$ がすべての n について真であること，言い換えれば，集合
$$S=\{n|P(n) が真\}$$
が N と一致することを証明するには，S が上の原理の性質［1］，［2］あるいは［2*］をもつことを示せばよい．したがって，次のようにまとめられる：

数学的帰納法

第一形式　自然数 n に関する命題 $P(n)$ について，次の［1］，［2］が示されたとする：

　［1］　$P(1)$ は真である．

　［2］　$P(k)$ が真であると仮定すれば，$P(k+1)$ も真である．

このとき，すべての自然数 n について，$P(n)$ は真である．

第二形式　自然数 n に関する命題 $P(n)$ について，次の［1］，［2*］が示されたとする：

　［1］　$P(1)$ は真である．

　［2*］　$n≥2$ で，$1≤k<n$ なるすべての整数 k について $P(k)$ が真であると仮定すれば，$P(k+1)$ も真である．

このとき，すべての自然数 n について，$P(n)$ は真である．

証明　命題 $P(n)$ が真であるような自然数 n 全体の集合を S とする．

第一形式の証明：性質［1］から，$1 \in S$,

　　　　　　　性質［2］から，$k \in S \Longrightarrow k+1 \in S$

がみたされている．したがって，帰納法の原理の第一形式により，$S=N$ である．これは，すべての $n \in N$ について，$P(n)$ が真であることを意味する．

第二形式の証明は省略する．

数学的帰納法という証明方法が正当であり，その根拠は自然数のもつ「整列

性」にあることが納得されたでしょうか．性質[1]を**帰納法の基礎**，性質[2]または[2*]の前半部分を**帰納法の仮定**という．グラフ理論においては，サイズ（頂点数，辺数など）が小さい場合は，帰納法の基礎はほとんど明らかな場合が多く，本稿で見られるように，数学的帰納法による証明が多用される．

なお，整数全体の部分集合

$$Z(r)=\{r,\ r+1,\ r+2,\ r+3,\cdots\}$$

も整列性をもつので，性質[1]として1をrに替えて，帰納法の原理が適用できる．実際，$Z(0)$の場合は，本稿でも何度か使用した．

参考文献・資料等

本稿の作成に当たっては，主として次の著書と論文を参考にしました．その他にも多くの著書・論文を参考にしましたが，基本的な内容のため，そのすべてを取り上げることはしませんでした．これらの著者の皆さんには心から御礼を申し上げます．

著書

[b1] N. ハーツフィールド，G. リンゲル（鈴木晋一訳）『グラフ理論入門』サイエンス社，1992．（原著：N. Hartsfield and G. Ringel：*Pearls in Graph Theory* Academic Press, San Diego, 1990.）

[b2] J. マトウシェク，J. ネシェトリル（根上生也・中本淳浩共訳）『離散数学への招待・上下』シュプリンガー・フェアラーク東京，2002．（原著：J. Matousek and J. Nesetril：*Invitation to Discrete Mathematics*, Oxford University Press, Oxford, 1998.）

[b3] J. Clark and Q. A. Holton：*A First Look at Graph Theory*, World Scientific, Singapore, 1991.

[b4] N. L. ビッグス，E. K. ロイド，R. J. ウイルソン（一松信・秋山仁・恵羅博共訳）『グラフへの道』地人書院，1986．（原著：N. Biggs, E. K. Lloyd and R. J. Wilson：*Graph Theory 1736-1936*, Oxford Univ. Press, Oxford, 1976.）

[b5] Martin Gardner：*Mathematical Carnival*, Alfred A, Knopf, New York, 1975.

論文

［１］　鈴木晋一：幾何教材としてのグラフ理論，早稲田大学数学教育学会誌，第16巻（1998），pp. 6-43.

［２］　植松聡子：幾何教材におけるグラフ理論，早稲田大学大学院教育学研究科2003年度修士論文，2004年3月.

［３］　鈴木晋一：中学校・高等学校の幾何教材の研究，早稲田大学数学教育学会誌，第23巻（2005），pp. 16-24.

［４］　花木良：中学・高校数学におけるグラフ理論の活用，早稲田大学大学院教育学研究科　2005年度修士論文，2006年3月.

［５］　花木良：多面体の展開図におけるグラフの活用について，2009年度数学教育学会秋季例会発表論文集.

［６］　花木良・生野隆：一筆がき問題に関する教材研究〜中学・高等学校向け離散グラフ教材〜，第40回数学教育論文発表会論文集，2007，pp. 277-282.

［７］　生野隆：中学・高校教育教材としてのグラフ理論，早稲田大学大学院教育学研究科　2007年度修士論文，2008年3月.

索　引

あ　行

握手の補題　11
オイラー周遊　36
オイラー小径　36
オイラーの多面体公式　126
置換　187
Ore の定理　82

か　行

開小径　36
外部　123
外部面　125
開歩道　36
仮定　184
関数　186
完全グラフ　9
完全 k 部グラフ　154
完全 3 部グラフ　64
完全 2 部グラフ　58
完全マッチング　56
奇サイクル　10
奇頂点　11
帰納法の仮定　191
帰納法の基礎　191
境界　125
共通集合　186
曲線　122
極大非ハミルトングラフ　81
距離　47
禁止グラフ　139
近傍　62

木　93
偽　183
空グラフ　13
偶サイクル　10
空集合　186
偶頂点　11
グラフ的　15
k 部グラフ　154
k 分割　154
結論　184
元　185
ケンペの鎖論法　165
交互道　66
交差数　139
5 色定理　174
孤立頂点　10

さ　行

サイクル　10
最大次数　155
最大マッチング　56
細分　138
三角形分割　128
自己双対　141
次数　10、125
次数列　15
始点　36
写像　186
車輪グラフ　46
終域　186
集合　185
終点　36

十分条件　184
小径　36
条件　184
ジョルダンの閉曲線定理　123
ジョルダン閉曲線　122
真　183
真部分グラフ　7
真優グラフ　7
数学的帰納法　190
正規地図　170
性質　184
正則　12
正則グラフ　12
正多面体　117
接続する　3
切断頂点　106
切断辺　99
切頭多面体　137
切頭20面体　137
全域木　104
全域部分グラフ　7, 104
全射　187
全単射　187
双対　119
双対グラフ　139
増大道　66

た　行

対象領域　183
多重辺　3
多面体　117
多面体グラフ　132
単射　186
単純曲線　122
単純グラフ　3

単純図　6
単純閉曲線　122
端頂点　10
端点　3
値域　186
チェッカーボード彩色　60
地図　170
頂点　2
頂点彩色　151
頂点彩色可能　151
頂点彩色数　151
頂点集合　2
頂点数　3
対偶　187
定義域　186
Diracの定理　83
定理　183
同型　8
同型写像　8
同値　184
凸　117
凸多面体　117

な　行

内部　123
内部面　125
長さ　36
2部グラフ　58
2分割　58

は　行

排中律　188
背理法　188
橋　99
ハミルトングラフ　79

ハミルトンサイクル　79
ハミルトン道　79
林　93
半正多面体　137
必要十分条件　184
必要条件　184
非飽和　56
非輪状　93
部分グラフ　7
部分集合　186
普遍集合　186
分割する　123
閉曲線　122
平行　3
閉小径　36
平方　47
閉包　84
閉歩道　36
平面グラフ　6
平面的グラフ　6
ペテルセングラフ　46
辺　2
変換　187
辺彩色　163
辺彩色可能　163
辺彩色数　163
辺集合　2
辺数　3, 183
飽和　56
補グラフ　28

星グラフ　97
歩道　36
Hall の結婚定理　62

ま　行

マッチング　55
魔方陣　168
道　9
命題　183
命題関数　183
面　124
面彩色　171
面彩色可能　171

や　行

優グラフ　7
要素　185

ら　行

臨界
　平面性に関して　130
　頂点彩色に関して　157
隣接　170
隣接する　3
連結　37
連結成分　37
論理演算　184

わ　行

和集合　186

編著者略歴

鈴木晋一（すずき・しんいち）

1941年北海道生まれ．早稲田大学理工学部卒業，早稲田大学大学院理工学研究科修士課程修了．理学博士（早稲田大学）(1974)．上智大学助手，神戸大学助教授等を経て，現在，早稲田大学教育・総合科学学術院教授．

[主要著書]
曲面の線形トポロジー（上・下） 槙書店
結び目理論入門 サイエンス社
幾何の世界 朝倉書店
集合と位相への入門 サイエンス社

著者略歴

花木　良（はなき・りょう）

1981年愛知県生まれ．早稲田大学教育学部卒業，早稲田大学大学院教育学研究科博士課程修了．博士（理学）早稲田大学 (2010)．早稲田大学助手を経て，現在，奈良教育大学教育学部特任准教授．

数学教材としてのグラフ理論　　　　　　　　　　　　　　　　　　　[早稲田教育叢書31]

2012年3月10日　第1版第1刷発行

編著者　鈴木晋一

編纂所	早稲田大学教育総合研究所
	〒169-8050　東京都新宿区西早稲田1-6-1　電話 03 (5286) 3838
発行者	田中千津子
発行所	株式会社 学文社

〒153-0064　東京都目黒区下目黒3-6-1
電話　03 (3715) 1501 (代)
FAX　03 (3715) 2012
http://www.gakubunsha.com

印刷所　東光整版印刷

© Suzuki Shinichi　Printed in Japan 2012
乱丁・落丁の場合は本社でお取替えします
定価はカバー・売上カード表示

ISBN 978-4-7620-2253-1

早稲田教育叢書
早稲田大学教育総合研究所

(価格税込　A5並製　各C3337)

---

[24] 坂爪一幸 著
高次脳機能の障害心理学

神経心理学的症状、高次脳機能障害（脳損傷後にみられる症状や障害）をより心理学的な観点から考察。どのようなタイプの症状があるのか、それらに対応したリハビリテーションや学習支援の方法はどのようなものか。綿密な研究を通じて、「心」の活動の変化、可能態や適応性を解説。「心」の多面性を理解する手がかりが得られる。

● ISBN978-4-7620-2158-9　224頁　2,425円

---

[28] 安彦忠彦 編著
「教育」の常識・非常識　公教育と私教育をめぐって

政治家やジャーナリズムにより喧伝されて「常識」となっている"教育=サービス論"により、「公教育」と「私教育」は同質のものとみなされるようになっている。それらの「常識」の矛盾を示し、「公教育」に対して「私教育」の意義に焦点を当てる。

● ISBN978-4-7620-2049-0　142頁　1,575円

---

[25] 大津雄一・金井景子 編著
声の力と国語教育

子どもたちへ声を届け、子どもたちの声を引き出すさまざまな活動と実践研究から、国語教育の重要な一角を占める音声言語教育分野に関する教員養成の現状と課題を再考。日本文学や中国文学研究者、国語教育研究者、教員、朗読家や読み聞かせの実践家などによる「朗読の理論と実践の会」の活動記録と研究成果。

● ISBN978-4-7620-1674-5　232頁　2,520円

---

[29] 沖　清豪・岡田聡志 編著
データによる大学教育の自己改善
インスティテューショナル・リサーチの過去・現在・展望

高等教育機関、とりわけ大学におけるインスティテューショナル・リサーチ（IR, Institutional Research）に関する現時点までの研究成果と知見をまとめ、大学改革においてIR導入の際に考慮すべき点を提示し、今後を展望する。IR関連の国際的文献・資料も収録。

● ISBN978-4-7620-2157-2　216頁　2,520円

---

[26] 坂爪一幸 編著
特別支援教育に活かせる
発達障害のアセスメントとケーススタディ
発達神経心理学的な理解と対応：言語機能編〈言語機能アセスメントツール〉付

言語機能面における発達障害への理解を深め、アセスメントに役立つ最新の知見を発達神経心理学的な視点からわかりやすくまとめた。付録に掲載した言語機能アセスメントツールでは、ツールの使い方をイラスト入りで実践的に解説。

● ISBN978-4-7620-1758-2　238頁　2,520円

---

[30] 堀　誠 編著
漢字・漢語・漢文の教育と指導

「ことばの力」の源泉を探究する試み。「読む」「書く」「話す」「聞く」という、漢字・漢語・漢文のもつ根源的な力の発見と、その力を育むための実践的な方法の考案、教材や指導法を提案する。また漢字のもつ歴史、漢語・熟語・故事成語の成り立ちとその意味世界、そして訓読による漢語・漢文の理解方法など、さまざまな視点から現実を見つめ直し、漢字・漢語・漢文の世界を多角的に掘りおこす。

● ISBN978-4-7620-2158-9　256頁　2,625円

---

[27] 白石　裕 編著
学校管理職に求められる力量とは何か
大学院における養成・研修の実態と課題

大学院における学校管理職養成・研修の現状と課題、学校を支え動かす学校管理職の力とは何か。2年間実施した現職校長を対象とするアンケート調査の結果分析を通して、学校管理職に求められる力量について検討する。その他2007年に開催した公開シンポジウムの講演と報告を掲載。

● ISBN978-4-7620-1952-4　158頁　1,680円

---

[31] 鈴木晋一 編著
教材開発としてのグラフ理論

● ISBN978-4-7620-2253-1　208頁　2,415円